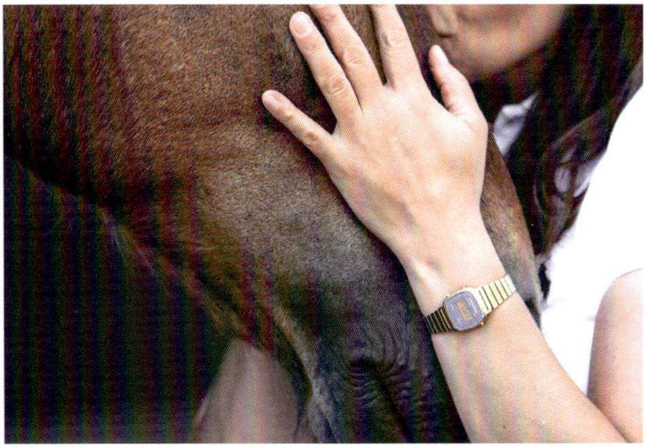

Dieses Buch ist ein Ratgeber und Übungsbuch für den täglichen Stallgebrauch und für alle gedacht, die ihrem Pferd etwas Gutes tun möchten.

Für Mami und Papi

Inhalt

Seite

Seite

Praxis geschlossen

Was macht eine Pferdetherapeutin, wenn sie sich aufgrund eines gewissen Virus im Zwangsurlaub bzw. „Homeoffice" befindet? Richtig, sie fasst ihre Gedanken und Instagram-Beiträge zu einem Buch zusammen. Viele von euch haben mich schon danach gefragt, aber bisher dachte ich, ein Buch zu schreiben, wäre nichts für mich. Dies hier ist sozusagen mein erster Versuch und ich hoffe, es gefällt euch.

Viele Pferde leiden immer wieder unter Verspannungen der Muskulatur und unter Bewegungseinschränkungen, deshalb ist es erfreulich, dass immer mehr Pferdebesitzer ihre Pferde von einem Pferdetherapeuten behandeln lassen und auch selbst etwas tun wollen. Viele von euch verfolgen meinen ***#ponywellnesswednesday*** auf Instagram und ich bekomme viele tolle Rückmeldungen.

Genau für euch und all die anderen ist dieses Buch gedacht! Es soll keine Behandlung durch einen professionellen Pferdetherapeuten ersetzen, sondern sie unterstützen. So lässt sich nämlich der Effekt einer Behandlung länger konservieren und oft auch der Heilungsprozess beschleunigen. Dieses Buch ist aber auch für all diejenigen, die ihrem Pferd einfach etwas Gutes tun wollen.

Auch fasse ich hier das für mich „Wichtigste" kurz und kompakt zusammen, ohne viel Geschwafel, norddeutsch eben! Es gibt bestimmt noch 1.000 Übungen mehr, aber mir ist es wichtig, dass du einen ersten Einstieg in die Arbeit an deinem Pferd findest, du die Übungen gut selbst machen kannst und das Ganze auch übersichtlich bleibt.

Bevor wir beginnen: Dies ist ein Ratgeber und Übungsbuch für den „Stallgebrauch". Es wird aus dir keinen ausgebildeten Pferdetherapeuten machen. Auch bin ich keine Tierärztin und fasse hier nur allgemeines Wissen zusammen. Wenn dein Pferd im Umgang oder während der Übungen und Handgriffe Schmerzen äußert, die jeweilige Problematik nicht besser wird oder du dir einfach nicht sicher bist, ziehe bitte deinen Therapeuten oder deinen Tierarzt zurate! Sie kennen dein Pferd und können dir direkt vor Ort gezielt helfen.

Sei bitte auch vorsichtig, während du an deinem Pferd arbeitest. Lass lieber eine Übung oder Massage aus, als dich in Gefahr zu bringen. Pferde sind und bleiben Wildtiere. Sie reagieren gerade bei Schmerzen blitzschnell und sehr zielsicher. Deine Sicherheit und Gesundheit müssen während der Übungen und Handgriffe immer an oberster Stelle stehen.

Nun wünsche ich dir und deinem Pferd viel Spaß.

Über mich

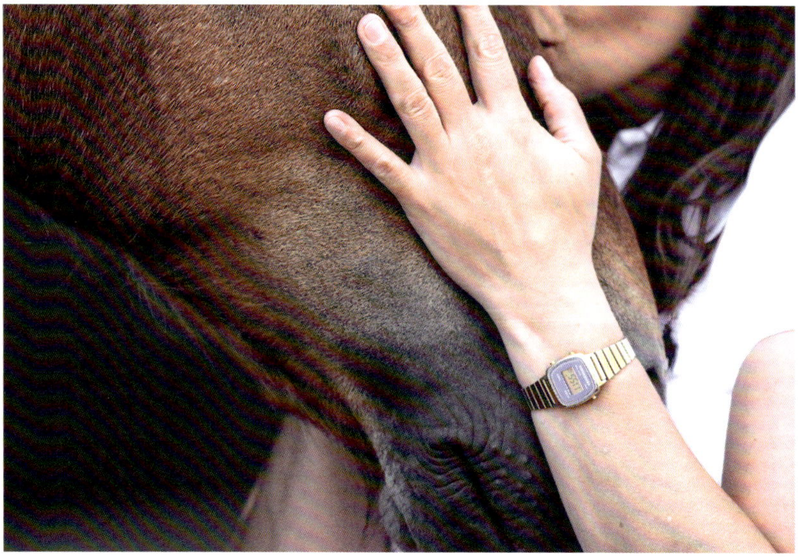

Meine Passion

Geboren und aufgewachsen im schönen Schleswig-Holstein, leitet mich schon seit meiner Kindheit meine Leidenschaft für Pferde. Groß geworden in einer pferdesportbegeisterten Familie, war ich zunächst erfolgreich im Turniersport unterwegs. Nach meiner Ausbildung zur Humanphysiotherapeutin war für mich jedoch schnell klar, dass meine Zukunft nicht in der professionellen Reiterei, sondern in der Therapie und der Behandlung von Pferden liegt.

Nach langjähriger Tätigkeit in einer Praxis für Humanphysiotherapie, in der ich mich auf die Behandlung von Reitern spezialisiert habe, startete ich meine Ausbildung als Pferde-Osteotherapeutin am DIPO, dem Deutschen Institut für Pferde-Osteopathie. Nach meinem erfolgreichen Abschluss und weiteren Fortbildungen im Bereich der Osteopathie und Physiotherapie für Pferde wagte ich den Schritt in die Selbstständigkeit. Bereits seit 2012 bin ich jetzt selbstständig und lebe somit meinen Traum. Ich habe das große Glück, etwas zu tun, was ich von Herzen liebe.

Mein Freund, mein Traumpony und Seelenpferd

Seit 2013 ist Star an meiner Seite. Als Welsh Cob mit einer Größe von 1,53 m vereint er für mich alle Qualitäten eines Großpferdes, nur in einem sehr viel handlicheren Format. Er deckt mich als Erwachsene gut ab und gibt mir dazu ein tolles Reitgefühl.

Mit seinen Knopfaugen und seinem ganz besonderen Ponycharme wickelt er alle um den Huf – mich inklusive. Er ist eben die richtige Mischung aus Don Juan und Pausenclown.

Außerdem ist er für alles zu haben, vom Versuchskaninchen und Übungsobjekt bis hin zu stundenlangen Fotoshootings. Er erträgt alles mit einer unglaublichen Ruhe und Geduld... solange genügend Kekse und Möhrchen da sind.

So hat er auch für dieses Buch Model gestanden.

Und jetzt wünsche ich dir und deinem Pferd viel Spaß mit diesem Buch und den Übungen darin.

Deine Sarah

Vorweg etwas Wissenswertes

1.1 Warum solltest du mit deinem Pferd selbst Übungen machen und es massieren?

Mit den Übungen kannst du zum einen die Behandlungen deines Therapeuten sinnvoll unterstützen und den Heilungsprozess beschleunigen. Zum anderen tut eine Massage deinem Pferd in erster Linie einfach gut und macht es glücklich, genau wie uns Menschen.

Star liebt es, wenn ich mit ihm Übungen mache oder ihn massiere.

Mit der richtigen Technik lockerst du nicht nur die Muskeln, du hilfst deinem Pferd auch, sich zu entspannen. So lösen sich nicht nur körperliche, sondern auch seelische Verspannungen. Durch die regelmäßigen Berührungen stärkst du außerdem die Bindung zwischen euch und lernst den Körper deines Pferdes besser kennen. So wird es dir leichter fallen, Veränderungen wie beispielsweise Verspannungen und Bewegungseinschränkungen frühzeitig zu erkennen und langfristigen Problemen vorzubeugen. Dies wirkt sich auch postitiv auf die Leistungsbereitschaft deines Pferdes aus, da du es so schmerzfrei, locker und beweglich erhälst. Denn nur, wenn es deinem Pferd rundum gutgeht, kann es 100 % für dich geben und seiner Rolle als Reitpferd gerecht werden. Aber auch Rentner und Pferde, die nicht geritten werden können, haben mit körperlichen Problemen, wie z. B. Verspannungen, zu tun und freuen sich genauso über eine Behandlung von dir.

1.2 Was bewirkt eine Massage?

Massagen sind eine Wohltat für Geist, Körper und der Seele… und das nicht nur bei uns Menschen.

Auch unsere Pferde genießen Massagen und profitieren zudem davon. Durch die Wärme der Hände und die unterschiedlichen Massagegriffe wird die Durchblutung angeregt, die Spannung der Muskulatur nimmt ab und der Muskel wird gelockert.

Viele der Übungen aus diesem Buch haben wir in unsere tägliche Routine eingebaut.

Die verschiedenen Techniken und Handgriffe bei der Massage stimulieren die Rezeptoren der Muskulatur und regen die Muskelspindeln an, sich zu dehnen. Dies führt zu einer Lockerung der Muskulatur und reduziert Schmerzen.

1.3 Was bewirkt Dehnung?

Eine dehnfähige und elastische Muskulatur erhöht nicht nur die Lebensqualität deines Pferdes und macht es beweglicher, sondern sie arbeitet sowohl effektiver als auch ökonomischer.

Früher nahm man an, dass der Muskel sich bei regelmäßigem Dehnen verlängert. Mittlerweile weiß man aber, dass sich der Muskel nach jedem Dehnen wieder in die ursprüngliche Form zurückzieht und das sogar relativ schnell. Eine „Verlängerung" des Muskels erreicht man nur bei regelmäßigem, richtigem und besonders langfristigem Dehnen. Was sich aber meist direkt nach jeder Dehnung zeigt, ist eine verbesserte Beweglichkeit. Diese wird aber nicht durch das verlängerte Gewebe des Muskels hervorgerufen, sondern durch ein verändertes Empfinden der Schmerzschwelle im Gehirn.

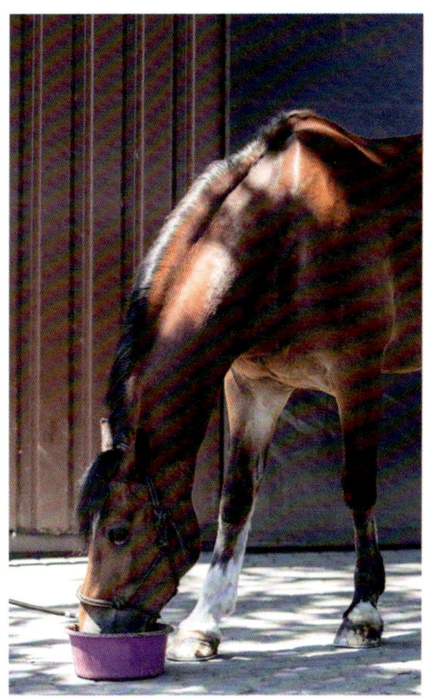

Durch regelmäßiges und richtiges Dehnen können wir diese Schmerzgrenze trainieren und verändern. Außerdem verringert sich beim Dehnen der Muskeltonus, also die Grundspannung. Das heißt, die Durchblutung im Muskel steigt und der Muskel wird so besser mit Nährstoffen und Mineralien versorgt. Dies kann Verspannungen, Bewegungseinschränkungen oder Verhärtungen der Muskulatur und dadurch ausgelöste Schmerzen deutlich verringern.

Muskuläre Disbalancen, ausgelöst durch einseitige Belastung (wie z.B. vermehrtes Reiten auf einer Hand) oder auch verschiedene Krankheitsbilder, können durch regelmäßiges Dehnen ausgeglichen werden. Ein zu hoher Muskeltonus durch Fehlbelastung kann das Skelettsystem unserer Pferde negativ beeinflussen und Fehlhaltungen bzw. Fehlbelastungen verursachen, die wiederum Schmerzen hervorrufen.

Allgemein kann man sagen, dass regelmäßiges Dehnen präventiv vor Problematiken im Bewegungsapparat schützt und bei schon bestehenden Problemen die Heilung unterstützt.

1.4 Wie kannst du bei deinem Pferd eine Muskelverspannung oder -verkürzung erkennen?

Zum einen kannst du dir von deinem Therapeuten/deiner Therapeutin genau erklären lassen, wo die „Problemzonen" deines Pferdes liegen und was du tun kannst. Hierfür kannst du dir auch die entsprechenden Übungen im Buch markieren lassen.

Du kannst aber auch im Alltag darauf achten, ob dein Pferd dir Verspannungen und Schmerzpunkte anzeigt. Dies können z. B. schmerzempfindliche Punkte beim Putzen sein. In der Bewegung lassen sie sich sehr gut an der Longe

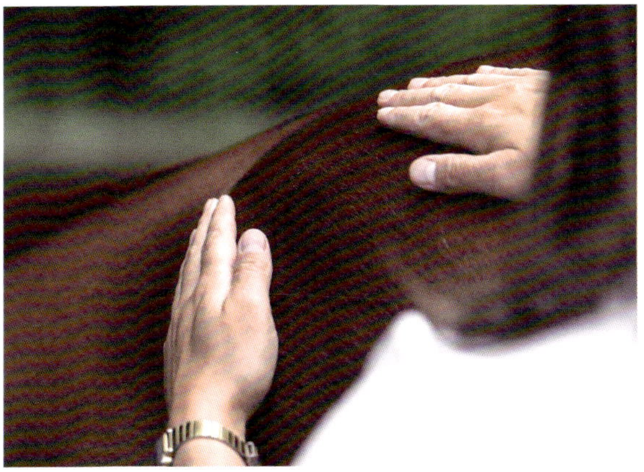

Mit Herz, Hand und ganz viel Gefühl.

in Form von Steifheit, Taktunreinheit oder Lahmheit erkennen. Beim Reiten äußert sich dies meist in einer allgemeinen Steifheit zu einer oder sogar beiden Seiten oder einer Antriebsarmut. Aber auch ein Wegrennen bzw. Fliehen vor den Hilfen kann ein Zeichen für Schmerzen sein.

Wenn dein Pferd sich zu einer Seite besser stellt und biegt oder z. B. eine der Übungen zu einer Seite besser macht als zu der anderen, solltest du der Ursache auf den Grund gehen. Bitte hierfür deinen Therapeuten um einen Termin.

Ein Beispiel: Ein deutliches Zeichen für Schmerzen im Rückenbereich und/oder eine Sattelproblematik ist das Anlegen der Ohren, Giften oder sogar Schnappen beim Satteln. Zeigt dein Pferd diese Anzeichen beim Gurten, kann dies z. B. auf eine Verspannung im Bereich der Brust- und/oder der Bauchmuskulatur hinweisen. Auch eine Problematik des Magen-Darm-Traktes kann sich hierdurch äußern.

AUS DER PRAXIS

Unsere Pferde kommunizieren sehr viel mit uns, wir müssen nur zuhören und hinsehen, wobei einige Zeichen nur schwer zu übersehen sind. Das wohl Eindeutigste, was ich zum Thema „Was sagt dein Pferd zu deinem Sattel?" gesehen habe, war eine wunderschöne Rappstute, die erfolgreich in der Dressur bis Klasse S lief. Stuten äußern ihre Meinung meist sehr direkt. Da gibt es oft nur schwarz oder weiß, wohingegen bei Wallachen 10.000 verschiedene Grauschattierungen vorkommen.

Diese Stute hatte ein paar Wochen vorher einen teuren Maßsattel bekommen. Da ich mir nach jeder Behandlung auch den Sattel anschaue, stand sie angebunden in der Putzbox. Die Besitzerin war sich nicht sicher, ob der Sattel wirklich so gut liegt. Sie ging in die Sattelkammer, kam mit dem neuen Sattel um die Ecke und wollte satteln – das Pferd stand prompt auf beiden Hinterbeinen und stieg. Die Besitzerin holte den alten Sattel – keine Reaktion der Stute. Dann ging sie wieder in die Sattelkammer und kam erneut mit dem neuen Sattel – die Stute stieg.

Was soll man dazu noch sagen?! Die Besitzerin hat ihren alten Sattel neu polstern lassen und beide sind glücklich damit. Aber nicht jedes Pferd ist so eindeutig in seiner Reaktion. Die meisten sind eher ganz still und man muss zwischen den Zeilen lesen, das macht das Erkennen von Problemen dann umso schwieriger.

1.5 Was können die Ursachen für Verspannungen und Verkürzungen sein?

Die Gründe und Ursachen hierfür können sehr vielseitig und unterschiedlich sein. So ist es zum Beispiel möglich, dass der Reiter selbst durch Unwissenheit oder unsachgemäßes Reiten den Körper des Pferdes beeinträchtigt. Auch zu langes Reiten bzw. zu hohe Belastung können zu Verspannungen und Bewegungseinschränkungen führen, ebenso wie ein schlecht sitzender Sattel, falsches Training oder auch eine nicht passende Haltungsform.

Dein Pferd steht 24 Stunden in seiner Box und kommt einmal am Tag für ca. eine Stunde zum Reiten raus? Das ist schade! Nicht jedes Pferd ist für einen Offenstall oder Aktivstall geeignet, das ist mir durchaus bewusst und das muss es auch nicht. Aber so viel Koppel- oder Paddockgang – sprich freie Bewegung in welcher Form auch immer – wie möglich, wäre wünschenswert. Dein Pferd und vor allem seine Gesundheit werden es dir danken.

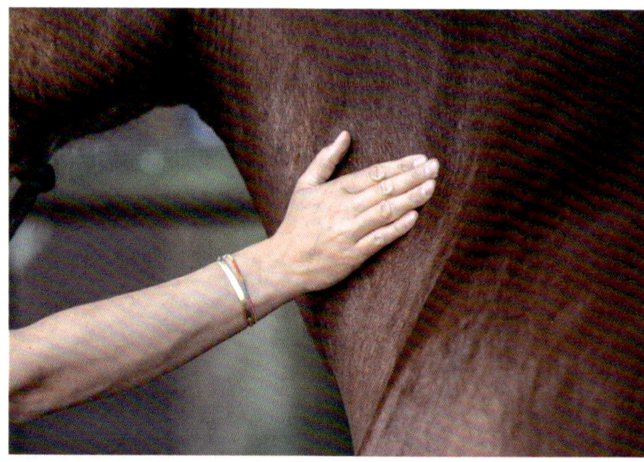

Lerne den Körper deines Pferdes kennen...

Einige Pferde sind aber auch aufgrund ihres Exterieurs vorbelastet. Sie haben z. B. einen kurzen Rücken, ein steiles Becken oder neigen zu Fehlstellungen.

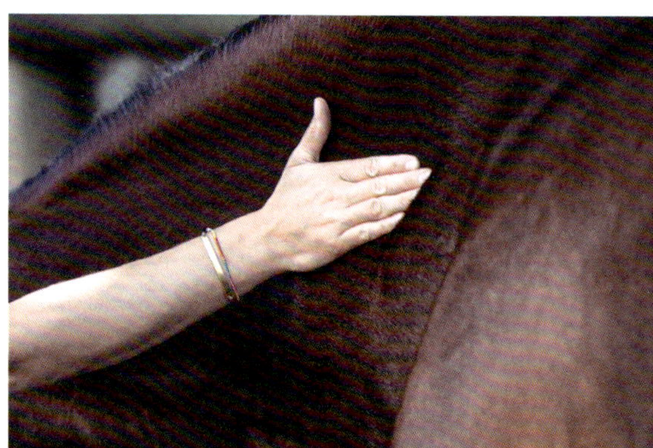

... um Veränderungen wie z. B. Verspannungen rechtzeitig zu erkennen.

Dies muss man bei der Behandlung berücksichtigen, gezielt unterstützen und auch das Training darauf abstimmen. Dein Therapeut hilft dir bestimmt auch dabei.

Star ist in seiner Halswirbelsäule sehr beweglich, besonders, wenn es um etwas zu Essen geht.

Du siehst, die Liste ist lang, aber neben der Behandlung ist es auch wichtig, die Ursache zu erforschen und abzustellen, damit deinem Pferd langfristig geholfen werden kann.

1.6 Was passiert, wenn Verspannungen und Bewegungseinschränkungen nicht behandelt werden?

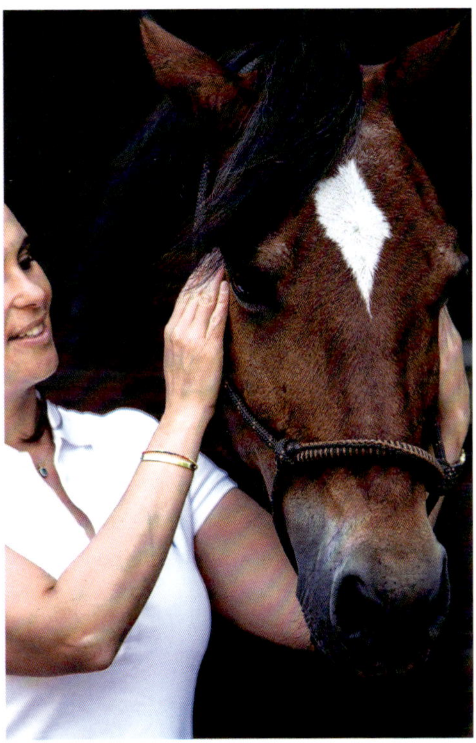

Wenn ein Pferd über längere Zeit unter Verspannung der Muskulatur leidet, bereitet dies nicht nur Schmerzen, sondern kann auch dazu führen, dass der Muskel nicht mehr ausreichend durchblutet wird. Dies führt zu einer Mangelversorgung mit Sauerstoff und Nährstoffen, was wiederum einen Zellabbau zur Folge haben kann. Bei weiterer Belastung kann dies Schäden an Gelenken und Knochen hervorrufen. So kann eine Verspannung bzw. Verhärtung der Muskulatur durchaus auch Ursache für spätere Arthrosen sein.

Außerdem schlagen andauernde Schmerzen oder Bewegungseinschränkungen nach einiger Zeit aufs Gemüt und auch auf den Magen.

Verspannungen im Schulter- und Nackenbereich oder im Genick lösen bei uns Menschen oft Kopfschmerzen oder Migräne aus. Stell dir einmal vor, du läufst damit über Wochen, Monate oder sogar Jahre durch die Gegend und keiner hilft dir? Migräne? Hexenschuss? Ja, aber heute ist doch Dressurstunde!

Es stresst den Körper und schlägt ordentlich aufs Gemüt... und ich bin mir sicher, dass auch Pferde „Kopfschmerzen" haben.

1.7. Solltest du die Übungen und Massagen eher vor oder nach dem Reiten machen?

Es hat beides seine Vorteile! Durch eine Massage vor dem Reiten kannst du bestimmte Muskelpartien lockern und dein Pferd beweglicher machen. So wird ihm die Arbeit unterm Sattel etwas leichter fallen.

Genauso gut kannst du aber auch dein Pferd nach dem Reiten massieren und die Übungen machen, um so die trainierte und beanspruchte Muskulatur zu lockern. Dein Pferd sollte dann aber schon trocken geritten und nicht mehr verschwitzt sein. Probiere aus, was deinem Pferd besser gefällt.

1.8 Worauf musst du bei den Übungen und Handgriffen achten?

Nimm dir Zeit und sorge für ein möglichst entspanntes Umfeld. Starte immer mit einem sehr sanften Druck und lerne erst einmal den Körper deines Pferdes kennen. Beginne immer vorne, auch wenn du das letzte Mal hinten geendet hast und dort gerne weitermachen möchtest. Mache trotzdem ein paar Übungen im vorderen Bereich und arbeite dich nach hinten vor. Achte genau auf die Reaktionen deines Pferdes und merke dir, welche Stellen ihm besonders gutgetan haben. Wie wir Menschen hat auch jedes Pferd seine „Favoriten".

Bedenke, dass du durch jeden Handgriff, ja allein nur durch das Auflegen deiner Hände etwas bei deinem Pferd auslösen kannst. Beobachte seine Reaktionen auf das, was du tust, ganz genau. Dein Pferd wird dir immer eine Rückmeldung geben.

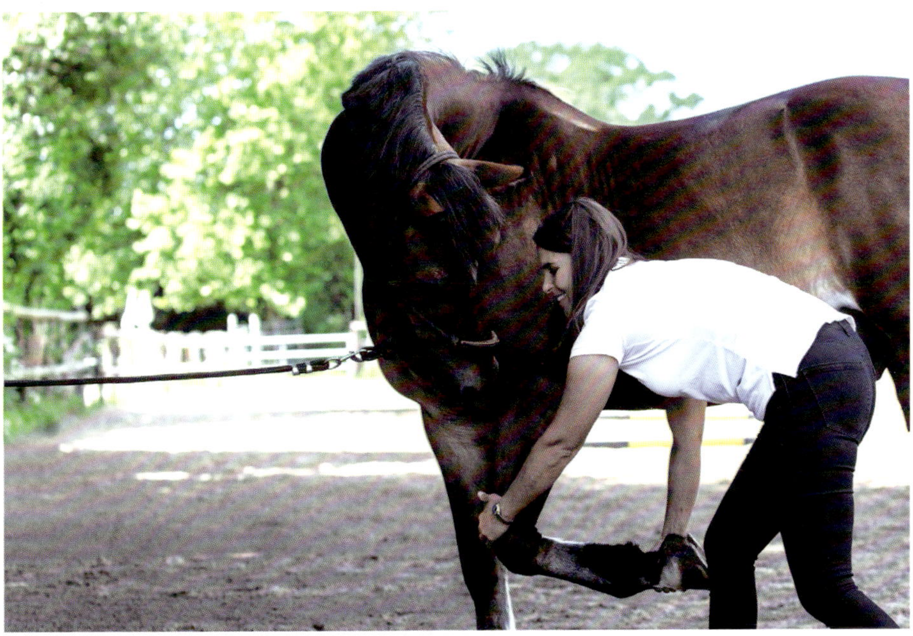

Grundwissen über den Körperbau

2. Der Körper deines Pferdes

Um dein Pferd artgerecht zu trainieren und zu fördern, solltest du etwas Grundwissen über seinen Körperbau besitzen. Egal ob Sport- oder Freizeitpferd – vom Aufbau sind sie erst einmal fast alle gleich bzw. ähnlich. Es ist wichtig zu wissen, wie sich der Körper zusammensetzt und wie er funktioniert, um dein Pferd langfristig gesund, beweglich und motiviert zu halten. In den folgenden Beiträgen bekommst du einen kleinen und kurzen Überblick über den Körperbau und seine Eigenschaften.

2.1 Das Knochengerüst

Wie auch bei uns Menschen bilden die Knochen sozusagen das „innere Gerüst". Bei unseren Pferden besteht dieses Knochengerüst aus ca. 250 Knochen. Es schützt die Weichteile und inneren Organe deines Pferdes.

So sind die wichtigsten Schaltzentralen des Körpers von schützenden Knochen umgeben. Das Gehirn liegt im Schädelknochen, das Rückenmark in der Wirbelsäule und das Herz, wie auch die Lunge und andere Organe, im Brustkorb. Das Skelett hat aber noch weitere Aufgaben.

Auch beim Reiten ist es wichtig, auf Veränderungen zu achten. Hier solltest du auch deinen Trainer bitten, ein Auge darauf zu haben.

Die Knochen dienen als Ansatzpunkte für die umgebende Muskulatur und sind somit maßgeblich an der Fortbewegung beteiligt. Im Alter von 5–7 Jahren ist dein Pferd ausgewachsen, das heißt, dass sich das Skelett ab diesem Zeitpunkt nicht mehr viel verändert. Dies ist wichtig zu wissen, um es gerade in der Zeit des Wachstums nicht zu überfordern oder zu überlasten. Eine Überbelastung oder Überforderung kann Schäden am Knochengerüst verursachen, die nicht oder nur sehr schwer wieder zu beheben sind.

2.2 Der Muskel- und Sehnenapparat

Unsere Pferde besitzen ca. 520 Muskeln. Wie bei uns Menschen gibt es auch bei unseren Pferden verschiedene Arten von Muskulatur. So ist zum Beispiel das Herz auch ein Muskel. Wir beschäftigen uns hier aber mit der Skelettmuskulatur, dessen Hauptaufgabe ist, den Körper bzw. die jeweiligen Körperteile zu bewegen.

Jeder Muskel besitzt einen sehnigen Ursprung an einem Knochenpunkt und einen sehnigen Ansatz an einem anderen Knochenpunkt, zwischen diesen beiden Punkten liegt der Muskelbauch. Im Gegensatz zu dem gut durchbluteten und elastischen Muskelbauch sind die Sehnen nur wenig elastisch und eher schlecht durchblutet.

Die beiden empfindlichsten Schwachstellen, die unter Überbelastung oder einem Trauma am häufigsten leiden, sind der Übergang zwischen der Sehne und dem Muskel und der Übergang zwischen der Sehne und dem Knochenpunkt. Gerade bei schlecht aufgewärmten Pferden oder Pferden, die nach einer längeren Pause zu schnell wieder antrainiert werden, treten in diesem Bereich häufig Verletzungen auf.

2.3 Die Faszien

Faszien sind bindegewebsartige Häute, die den gesamten Körper durchziehen, Muskeln und Organe umhüllen und voneinander trennen, aber auch alles im Gesamten miteinander verbinden.

Störungen im Sinne von Verklebungen oder Verspannungen der Faszien und der Muskulatur sind meist sehr schmerzhaft und können ganze Ketten an Problemen auslösen, da sie sich durch den gesamten Körper ziehen. Bei jeder Massage haben wir auch Einfluss auf dieses System.

Aus der Praxis

Wie bei allen Therapieformen entstehen auch bei der Behandlung der Faszien die unterschiedlichsten Reaktionen beim Pferd. Eines meiner beeindruckendsten Erlebnisse war ein ganz süßes Fuchspony, welches ich behandelt habe. Die Muskulatur am Hals war extrem fest und auch die Faszien dort total verklebt. Nach anfänglichen Schmerzen, obwohl ich sehr sanft begonnen habe, ließ der kleine Mann immer mehr zu und entspannte sich.

Plötzlich begann er, am ganzen Körper zu zittern. Die Besitzerin und ich schauten uns an, das hatte ich so auch noch nie gesehen. Das Zittern hörte nach kurzer Zeit wieder auf, es kam ein ganz tiefes Ein- und Ausatmen. Dreimal Schütteln mit Schlecken und Kauen und danach... ja, danach ist er einfach entspannt eingeschlafen!

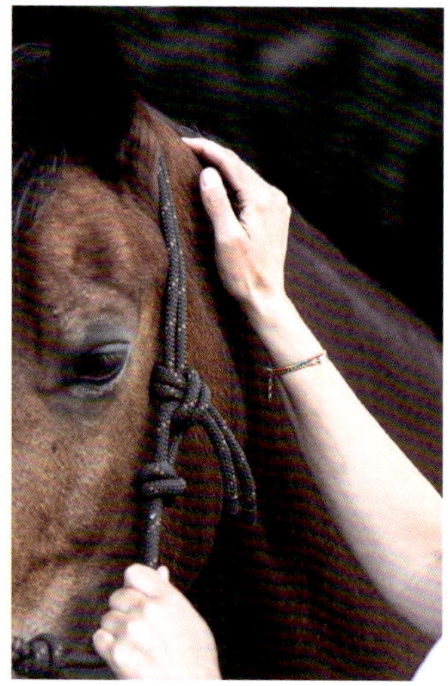

2.4 Etwas Extrawissen zum Verhalten unserer Pferde

Unsere Pferde sind Herdentiere. Sie verständigen sich untereinander über Körpersprache. Die Körperhaltung, das Ohrenspiel, eine Veränderung der Atmung, ja selbst der Blick enthalten Informationen für die anderen Herdenmitglieder.

Es ist an uns, diese Zeichen zu beobachten, zu sehen und sie zu lernen, um diese Sprache sprechen bzw. sie verstehen zu können.

Manche Pferde versuchen instinktiv, Schmerz und vor allem Schwäche zu verbergen. Warum? Ein schwaches oder verletztes Tier läuft Gefahr, seinen Rang innerhalb der Herde zu verlieren oder gar von der Herde ausgeschlossen zu werden. Warum ist das so wichtig für uns? Es gibt Pferdetypen, bei denen ist dieses Verhalten sehr ausgeprägt. Bei ihnen z. B. Schmerzen, Verspannungen oder eine Lahmheit richtig zu lokalisieren, ist eine echte Herausforderung, da sie versuchen, diese Schwäche so gut wie möglich zu verbergen. Auch während einer Behandlung fällt es ihnen sehr schwer, Schmerzpunkte oder Entspannung anzuzeigen. Hier ist es besonders wichtig, kleinste Signale zu erkennen und zu lesen.

Es spricht! Die Kommunikation

3. Die Körpersprache deines Pferdes

Wie schon beschrieben, wirst du auf jede Übung, jeden Handgriff und alleine schon durch das Auflegen deiner Hände eine Rückmeldung von deinem Pferd bekommen. Wie diese aussehen kann und was sie bedeuten könnte, habe ich für dich hier noch einmal zusammengefasst und etwas „übersetzt".

Blinzeln:

Natürlich nicht, wenn gerade eine Fliege ums Auge schwirrt. Aber ja, Blinzeln ist bei vielen Pferden schon eine Rückmeldung, die man wahrnehmen sollte. Wenn man den Körper eines Pferdes abtastet und abstreicht, fangen einigen Pferde an bestimmten Stellen entweder vermehrt an zu blinzeln oder blinzeln so, dass sie die Augen dabei einmal fest schließen. Dies kann ein Hinweis für eine eventuelle Problematik in diesem Bereich sein.

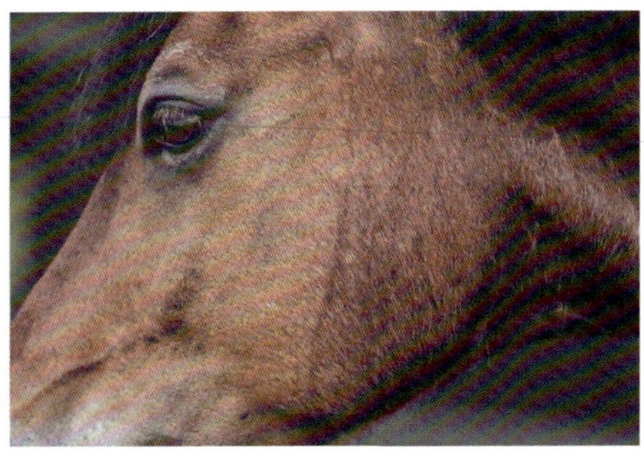

Ein entspannter Gesichtsausdruck ist meist schon ein erstes Zeichen für Entspannung.

Senken des Kopfes:

Wenn Pferde den Kopf senken, ist dies meist ein Zeichen für Entspannung. Sobald der Kopf unserer Pferde unterhalb seines Buggelenkes ist, fährt der Körper automatisch etwas runter und das Pferd entspannt sich. Außerdem entspannt sich so auch die Oberlinie und dies hat einen positiven Einfluss auf den gesamten Körper deines Pferdes. Deshalb ist auch das Grasen und Fressen vom Boden aus so wichtig bzw. gesund.

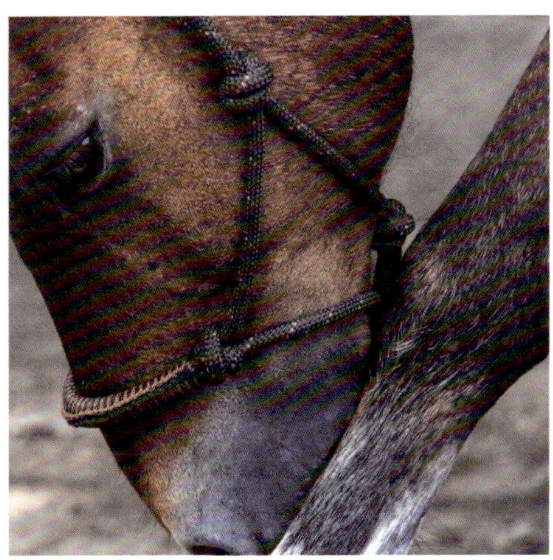

Star kratzt sich während der Übungen häufig an seinen Beinen.

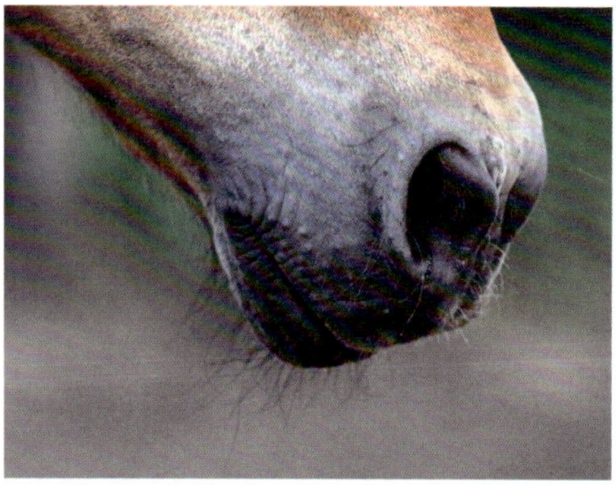

Abschnauben:

Wie auch beim Reiten freuen wir uns über ein Abschnauben während oder nach unseren Behandlungen. Hier ist es meist ein Zeichen für „Loslassen" und „sich Wohlfühlen", also eine Rückmeldung für dich, dass du deine Sache sehr gut machst und dein Pferd es genießt.

Schütteln und sich Kratzen:

Während meiner Behandlungen gehe ich oft ein paar Schritte vom Pferd weg, um ihm Raum und auch die Zeit zu geben, in seinen Körper hinein zu fühlen. Meist brauchen die Pferde ein paar Sekunden, bis sie merken, was in ihrem Körper passiert, und dann schütteln sie oft im wahrsten Sinne des Wortes ihre Sorgen und Probleme ab.

Viele drehen auch den Kopf um und beginnen, sich wie wild an verschiedenen Körperteilen zu kratzen, ganz so, als würde der ganze Körper anfangen, zu arbeiten und zu jucken. Wenn dein Pferd das macht, gib ihm die Zeit, die es braucht, bis es von alleine wieder aufhört. Mache an genau der Stelle weiter, an der du gerade gearbeitet hast. Sie scheint deinem Pferd sehr gutzutun.

Kauen und Schlecken:

Das kennen wir wohl alle als die Reaktion, die wir gerne sehen möchten.

ABER VORSICHT: ein übermäßiges Kauen kann ein Indikator für Unwohlsein und Stress sein. Was wir sehen möchten, ist ein leichtes, wohliges ja fast schon genüssliches Kauen mit Zunge.

Genüsslich Schlecken ist ein schönes Zeichen.

Ein genüssliches Gähnen:
Das ist wohl eines der größten Komplimente, das dein Pferd dir für deine Arbeit machen kann. Wenn es jetzt noch dabei das innere Augenlid nach hinten rollt, kommt das einer „Standing Ovation" gleich... Applaus!

Man kann es auch übertreiben, Star.

Aber beachte bitte: Ein übermäßiges, fast schon übertriebenes Gähnen kann ein Zeichen für Stress oder Schmerzen sein. Frage deinen Therapeuten oder deine Therapeutin. Sie kennen dein Pferd und können dir da sicher weiterhelfen.

! *Ohren anlegen:*
Hier ist Vorsicht geboten, es scheint deinem Pferd an dieser Stelle nicht zu gefallen, gehe eine Stufe zurück oder widme dich einer anderen Übung.

! *Dein Pferd schnappt oder tritt nach dir:*
Das sollte auf gar keinen Fall passieren. Überdenke deine Vorgehensweise und halte Rücksprache mit deinem Therapeuten. Deine Sicherheit und Gesundheit muss während der Übungen immer an oberster Stelle stehen.

Dies sind erst einmal ein paar der wichtigsten Rückmeldungen, aber wie schon erwähnt, ist jedes Pferd anders. Bei vielen Pferden beginnt es schon damit, dass die Gesichtszüge sich entspannen und der Blick weicher wird.

Viele werden jetzt sagen, dass Pferde immer blinzeln, zwischendurch kauen und auch mal gähnen. Klar, tun sie dies. Aber du schaust ja nicht nur auf sein allgemeines Verhalten, sondern auf das Verhalten in Bezug auf dein Tun. Dafür musst du dein Pferd gut beobachten und kennenlernen.

Vorbereitung ist alles

4. Die Rahmenbedingungen

Dein Pferd sollte ruhig stehen und sich problemlos überall anfassen lassen. Auch sollte es sicher alle Hufe geben und für die Dehnungen schon etwas ausbalanciert sein, um auch sicher auf drei Beinen stehen zu können.

Am besten suchst du dir einen ruhigen Ort für dich und dein Pferd. Optimal wäre es, wenn du noch jemanden hättest, der dir beim Festhalten hilft – vielleicht ein/e Freund/in oder eine nette Stallkollegin, bei der du im Anschluss ihr Pferd hältst?!

Auch solltest du dir wirklich Zeit dafür nehmen und deine Uhr beiseitelegen. Diese Zeit gehört jetzt nur dir und deinem Pferd. Denn es soll nicht nur eine schöne und entspannte Zeit für dein Pferd sein, sondern auch die Bindung zwischen euch stärken, eure Beziehung intensivieren und dich ebenso entspannen. Gerade am Anfang ist es eine kleine Entdeckungsreise, um herauszufinden, was deinem Pferd guttut und welche Stellen ihm am besten gefallen.

Wenn du später diese Stellen kennst und gelernt hast, die Rückmeldungen deines Pferdes zu lesen, kannst du auch einfach ein paar Massagegriffe in eure tägliche Putzroutine mit einbauen. Auch solltest du bei den Dehnungen herausfinden, ob es bei deinem Pferd vor oder nach dem Reiten am effektivsten ist.

CHECKLISTE

Was brauchst du, um dein Pferd optimal zu behandeln?

- Einen ruhigen Ort, an dem nicht ständig jemand stört oder an euch vorbei muss
- Genügend Platz rund um dein Pferd
- Einen rutschfesten Untergrund
- Jemanden, der beim Festhalten hilft
- Feste Schuhe
- Zeit!!!

NOCH EIN KLEINER TIPP:
Während meiner Arbeit am Pferd achte ich generell auf meine Atmung. Ich versuche immer, ruhig und gleichmäßig ein- und auszuatmen. Während der Techniken zum Entspannen oder bei nervösen Pferden, achte ich aber ganz besonders darauf. Solchen Pferden hilft oft ein langes, tiefes und bewusstes Ausatmen. Einen selbst entspannt das natürlich auch!

Hole dir Hilfe beim Festhalten deines Pferdes. Am besten jemanden, der auch gut mit deinem Pferd zurechtkommt.

4.1 Im Seitenvergleich

Versuche auch mal, dieselbe Übung direkt nacheinander auf beiden Seite zu machen. Damit hast du einen direkten Vergleich und kannst somit Auffälligkeiten, wie z. B. Verspannungen, besser erspüren.

FRAGE DICH ZU JEDER ÜBUNG:

> Welche Seite fällt deinem Pferd leichter?
> Auf welcher Seite ist der Muskel fester?
> Auf welcher Seite ist der Muskel weicher?
> Gibt es Unterschiede oder sind beide Seiten gleich?
> Gibt es generell eine „bessere" Seite bei deinem Pferd?
> Was spürst du noch?

Notiere dir deine Eindrücke und vergleiche sie immer mal wieder. Gerne kannst du sie auch mit deinem Therapeuten besprechen und fragen, wie sein/ihr Gefühl ist. So erhältst du eine gute Rückmeldung und ein genaues Bild von deinem Pferd. Dies wird dir auch im Training helfen und so manche Frage bzw. so manches Problem aufklären.

Auf die Technik kommt es an

5. Vorab

Wichtig ist, genauso wie beim Putzen deines Pferdes, dass du mit der Fellrichtung arbeitest. Achte bitte auch auf deine Fingernägel, gerade bei sehr langen oder künstlichen Nägeln. Ansonsten könnte es unangenehm für dein Pferd sein. Suche dir ein ruhiges Umfeld und nimm dir genügend Zeit, denn so arbeitet es sich am besten und ihr könnt euch beide entspannen.

Fange zunächst am Kopf an und arbeite dich nach hinten vor. Ich habe auch die Übungen hier im Buch weitestgehend danach geordnet, dass das so passt. Du kannst zwischen den verschiedenen Massagetechniken wählen oder sie auch mal mischen. Arbeite immer langsam, denn es geht hier nicht nach deinem Tempo, sondern nach dem Tempo deines Pferdes.

5.1 Die Massagetechniken

Bei der Massage gibt es verschiedene Techniken. Die in meinen Augen geeignetesten habe ich hier für dich zusammengefasst. In vielen Beiträgen empfehle ich dir auch bestimmte Massagetechniken, da nicht alle Techniken überall am Pferdekörper geeignet sind.

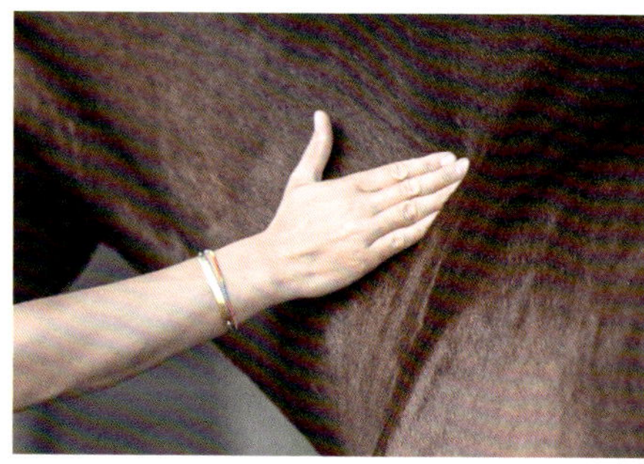

Du kannst mit einer Hand....

Streichen

Diese Technik eignet sich besonders zu Beginn, da man sanft die Aufmerksamkeit des Pferdes auf sich lenkt und das zu behandelnde Gebiet auf die Massage vorbereitet. Dafür streichst du mit der ganzen, flachen Hand über dein Pferd. Das Streichen dient aber genauso gut zum Abschluss, um sich aus der Muskulatur auszuschleichen und sich quasi von der Stelle zu verabschieden. Auch um deinen Händen mal eine Pause zu gönnen, ist sanftes Streichen optimal.

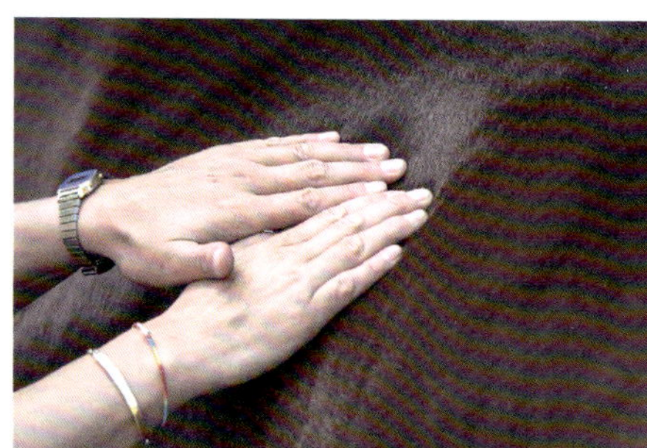

... oder mit beiden Händen arbeiten.

Kreiseln

Das Kreiseln eignet sich sehr gut für kleinere oder empfindlichere Muskelgruppen. Dafür wanderst du mit einer oder mit beiden Händen in kleinen, aneinandergereihten Kreisen über das zu bearbeitende Areal.

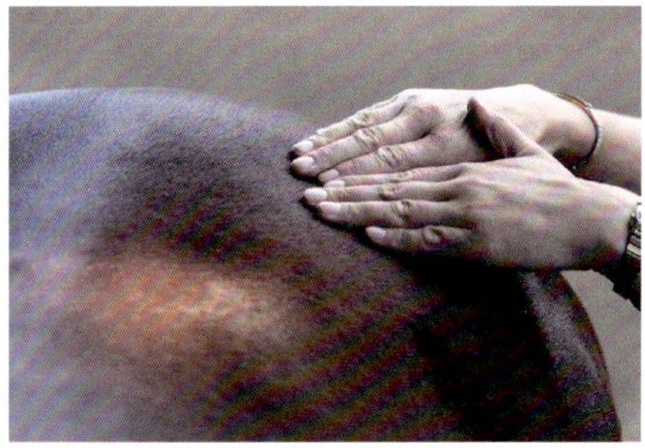

Du kannst kleine sowie auch große Kreise machen, je nachdem wie viel Platz du hast.

Kneten

Hier knetest du die Muskulatur, wie bei einem Pizzateig, gut durch. Dies geht am besten beidhändig. Diese Technik eignet sich hervorragend für größere und unempfindlichere Muskelpartien.

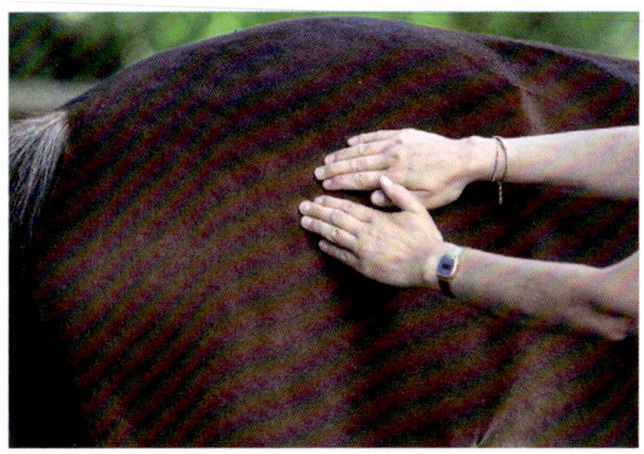

Auf Stars Hinterhand ist genügend Platz.

Beide Techniken (Kreiseln und Kneten) sind sehr durchblutungsanregend und von daher auch sehr wirkungsvoll!

Schütteln

Immer, wenn du das Gefühl hast, dein Pferd kann nicht loslassen oder spannt dagegen, kannst du gerne etwas sanft schütteln. Dies geht bei einem Bein genauso gut wie z. B. am Mähnenkamm. Durch das sanfte Schütteln regst du dein Pferd zum Entspannen und Loslassen an. Du kannst es aber auch gut als Pause für zwischendurch einbauen, um die Muskeln zur Ruhe kommen zu lassen und aufzulockern.

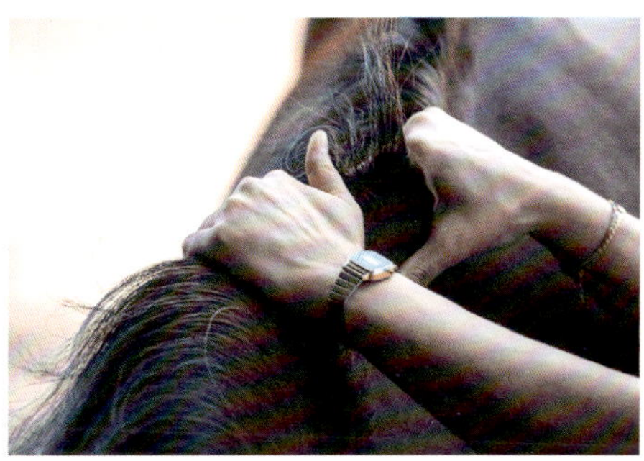

Kneten eignet sich hervorragend für den Mähnenkamm.

Beginne mit dem Klopfen immer sehr vorsichtig und schaue, wie dein Pferd darauf reagiert.

Klopfen

Wie nicht anders zu erwarten, wird bei dieser Technik geklopft. Diese Übung eignet sich hervorragend für Hals, Rumpf und Kruppe des Pferdes. Klopfe hierfür entweder mit einer oder mit beiden Händen locker auf den Pferdekörper. Hierbei werden die Muskeln gelöst und die Durchblutung angeregt. Das Klopfen eignet sich auch für die Pausen.

Generell gilt für alle Massagetechniken: Wenn du unter deinen Händen oder Fingern etwas Festes spürst, sollte der Druck immer etwas leichter bzw. sanfter sein. Es könnte sich darunter z. B. ein Knochen oder eine Verhärtung befinden. Dies wäre dann für dein Pferd sehr unangenehm und oft auch schmerzhaft.

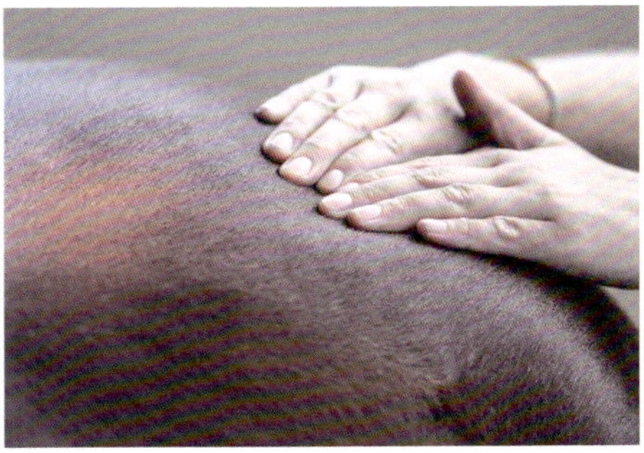

Immer nur so viel wie nötig und so wenig wie möglich.

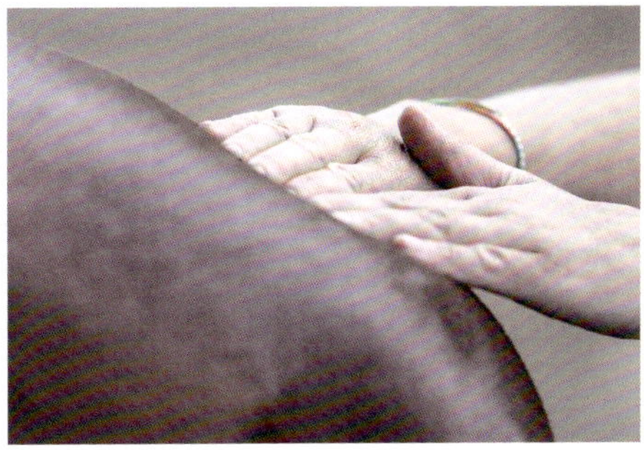

Weniger ist auch hier oft mehr!

5.2 Die Druckintensität

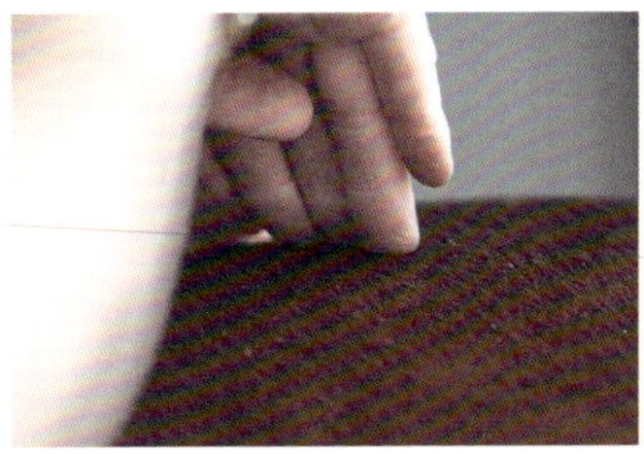

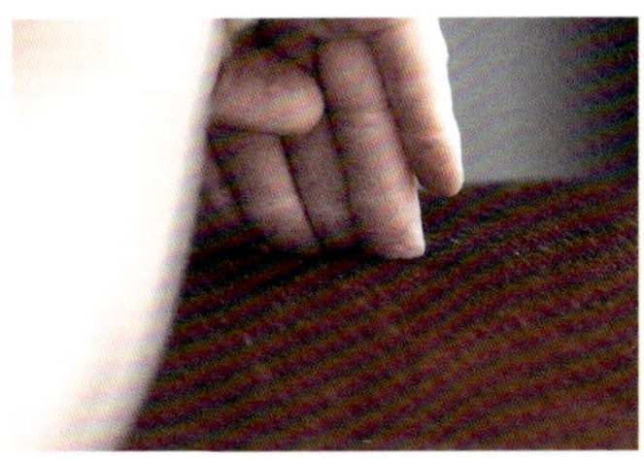

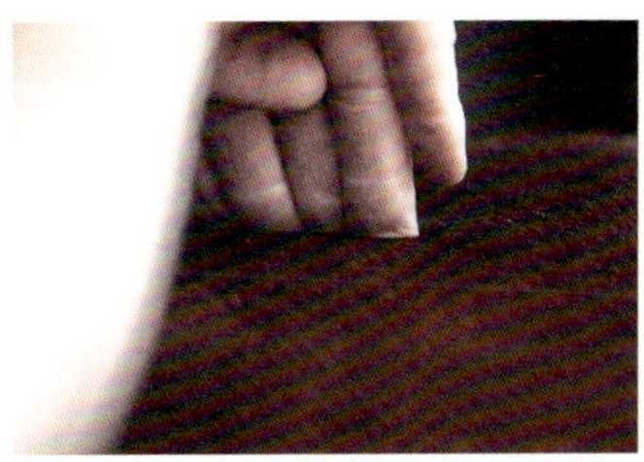

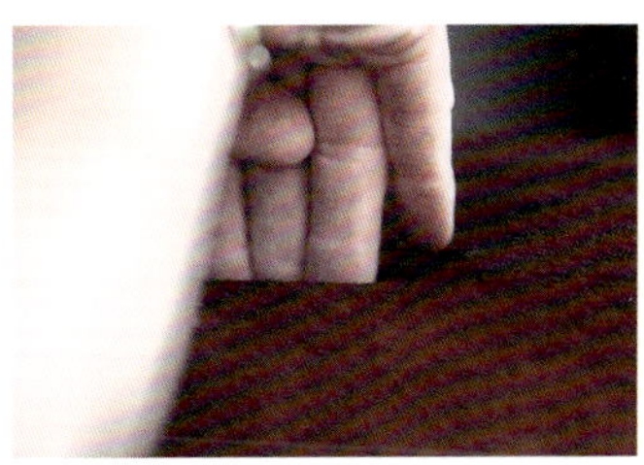

Mit der Zeit kommt das Gefühl für die Technik und die richtige Druckstufe. Das ist alles eine Frage der Übung.

Wie viel Druck ist richtig? Hier ist dein Gefühl gefragt, denn dies ist immer schwer zu sagen. Zudem reagiert jedes Pferd anders. Deshalb kann man die Frage nach der Stärke des Druckes beantworten mit: Das entscheidet und zeigt dir dein Pferd!

Hierfür übe zunächst etwas an dir selbst, indem du ein erstes Gefühl dafür entwickelst und für dich dann **4 Druckstufen** festlegst. Setze dich locker hin und stelle beide Beine auf. Lege beide Hände mittig auf deinen Oberschenkeln ab.

Stufe 1 ist immer das Auflegen deiner Hand oder deiner Fingerspitzen – komplett ohne Druck. Nun verstärkst du den Druck auf deine Fingerspitzen Stück für Stück und spürst, wie weit du langsam in den Muskel drücken kannst, ohne dass es dir wehtut. Vielleicht spürst du auch einfach etwas Festes unter deinen Fingern oder dass du nicht weiter in den Muskel kommst. Das ist sozusagen dein „Ende", also **Stufe 4**.

Bekomme ein Gefühl, wie weit du gehen kannst, und unterteile dir diese Strecke in insgesamt vier Stufen, von **Stufe 1** „nur Auflegen" bis **Stufe 4** „Ende". Dies wird dir bei den Übungen und Massagen sehr helfen, achte dann aber trotzdem immer darauf, was für eine Rückmeldung dir dein Pferd gibt.

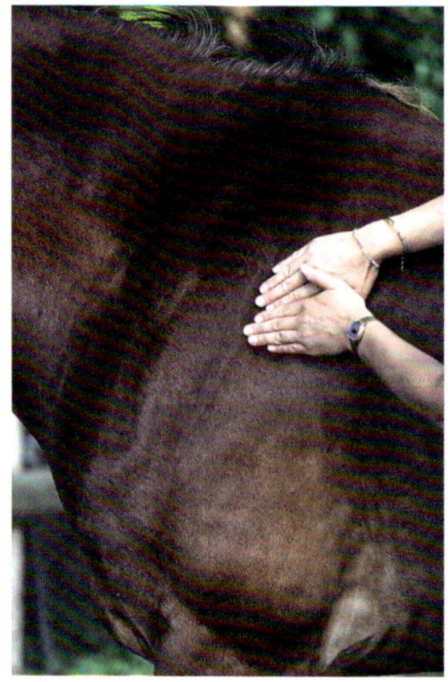

Wir arbeiten langsam, sanft und starten immer bei **Stufe 1**. Von dieser Stufe aus arbeiten wir uns druckmäßig Stufe für Stufe weiter. Zwischen den einzelnen Stufen wartest du auf die Rückmeldung deines Pferdes. Je nachdem wie diese ausfällt, entscheidest du, ob du den Druck erhöhen kannst oder diesen so lässt.

Generell gilt auch: Sobald dein Pferd anfängt zu schnauben, abzukauen oder auch so einen entspannten Eindruck macht, kannst du davon ausgehen, dass du deine Sache gut machst und der Druck genau richtig ist für dein Pferd. Weniger ist oft mehr!

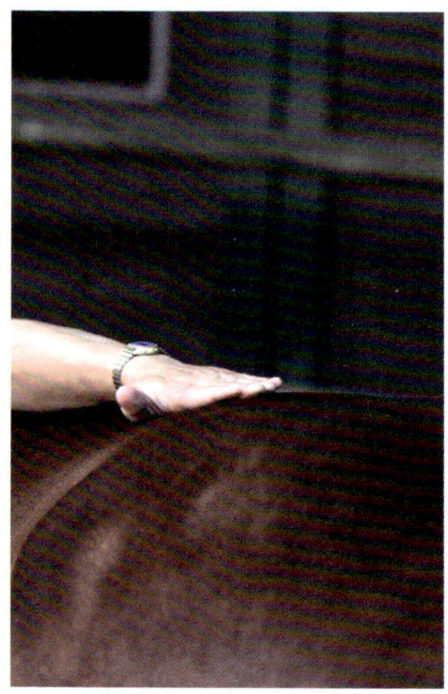

5.3 Die Dehnungsübungen

Eine Dehnung fördert die Beweglichkeit deines Pferdes und hält es geschmeidig. Auch fördert es die Koordination, da dein Pferd bei einigen Übungen auf drei Beinen stehen muss. Gehe auch beim Dehnen immer langsam und sanft vor, bitte mache keine ruckartigen Bewegungen.

Dein Pferd sollte gerade auch für die Dehnungsübungen ruhig stehen und sich problemlos überall anfassen lassen. Für die Dehnungen über die Beine sollte es sicher alle Hufe geben und schon etwas ausbalanciert sein, um auch mal auf drei Beinen stehen zu können. Wie lange du eine Dehnung hälst, hängt in erster Linie von deinem Pferd ab. Nach etwas Übung sollten es aber ca. 60 Sekunden sein. Du kannst auch jede Dehnungsübung gerne 3–5 Mal wiederholen.

Blickschulung

Bevor wir beginnen: Alle Instagram-Beiträge rund um die Exterieursbeurteilung und Blickschulung werden von euch allen sehr geliebt. Das freut mich natürlich sehr! Gerade deshalb und auch, weil ich es als sehr wichtig erachte, möchte ich, dass du dir dein Pferd einmal *richtig* anschaust.

> Was fällt dir auf?

> Ist das Seitenbild harmonisch?

> Fehlt irgendwo Muskulatur?

> Möchtest du dein Pferd an bestimmten Körperstellen etwas runder haben?

> Was ist aber vielleicht auch zu viel bzw. besonders ausgeprägt?

> So entwickelst du ein Gefühl und einen Blick für den Körper deines Pferdes. Das wird dir helfen, eventuelle Veränderungen – positive, aber besonders auch negative – frühzeitig zu erkennen.

> Besprich deine Beobachtungen mit deinem Therapeuten oder deiner Therapeutin und überlegt gemeinsam, wie ihr den Körper und das Befinden deines Pferdes optimieren könnt.

Der Kiefer

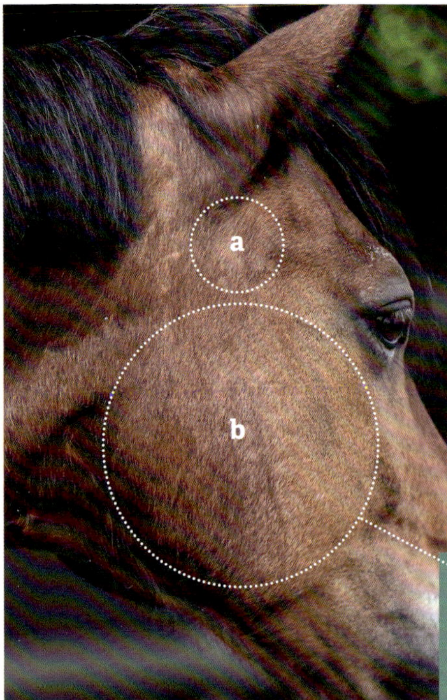

6. Die Kiefergelenke

In meinem Alltag als Pferde-Osteotherapeutin sehe ich oft Pferde mit Problemen in diesem Bereich. Ein Mensch mit solch einer Problematik hätte übrigens starke Kopfschmerzen bis hin zur Migräne, denn die Kiefergelenke stehen in enger Korrespondenz mit dem Genick.

a. Das Kiefergelenk
b. Die Kiefer- und Kaumuskulatur

Bevor du beginnst, verschaffe dir zuerst einen kleinen Überblick und versuche, die Strukturen zu ertasten.

Durch die starke Hebelwirkung des Unterkiefers muss der Kopf des Pferdes während des Kauens gut von der Kopf- und Halsmuskulatur stabilisiert werden. Ist eine Seite gestört und kaut das Pferd z. B. dann einseitig, hat dies starke Auswirkungen auf die Kopf- und Halsmuskulatur. Es kommt zu Verhärtungen und Disbalancen in der Muskulatur, weil die eine Seite mehr beansprucht wird als die andere. Und dies kann wiederum Auswirkungen auf den gesamten Pferdekörper haben.

Was ist die Ursache einer solchen Problematik? Eine Ursache kann z. B. eine einseitige Belastung beim Reiten sein, also entweder ein schief sitzender Reiter/Sattel oder eine einseitig starke Hand. Auch eine zu enge Verschnallung der Trense kann die Ursache dafür sein, denn der Druck, den das Pferd z. B. gegen einen zu eng geschnallten Nasenriemen aufbaut, führt zu Stress in den Kiefergelenken. Dies führt langfristig zu Verspannungen, Entzündungen und Blockaden.

Eine einseitige Abnutzung der Zähne kann ebenfalls eine Blockade im Kiefergelenk als Ursache haben, deshalb ist eine regelmäßige Zahnkontrolle wichtig.

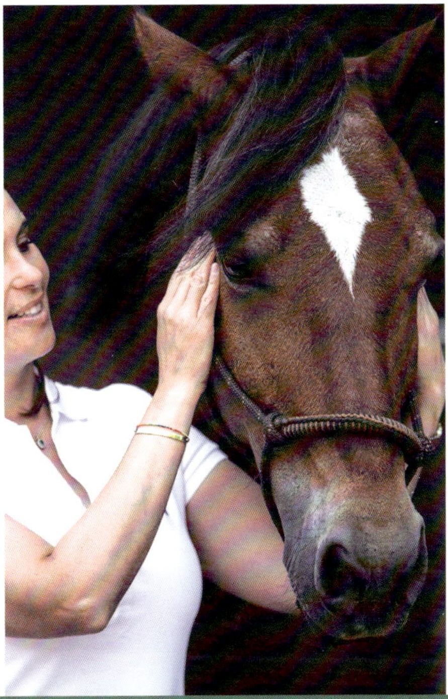

Probleme der Kiefergelenke oder Kaumuskulatur machen sich meist bemerkbar durch: Kauprobleme und daraus folgende Verdauungsprobleme und/oder Anlehnungsschwierigkeiten bis hin zu Taktfehlern und sogar Lahmheiten.

Wichtig für eine lockere Kiefer- und Kaumuskulatur ist auch die Art der Fütterung, denn wenn sich der Kopf deines Pferdes in Bodennähe befindet, löst sich nicht nur automatisch die Genickmuskulatur, sondern das nimmt auch den Druck vom Unterkiefer. Er hängt dann locker und kann sich gleichmäßig bewegen.

Ist die Fresshaltung deines Pferdes unnatürlich hoch, wie z. B. durch hoch aufgehängte Raufen/Heunetze, begünstigt dies Verspannungen im Bereich der Kiefergelenke und des Genicks.

Tipp: Ich creme vor jedem Reiten die Maulwinkel mit etwas Melkfett ein, besonders auch innen. Denn aufgerissene und spröde Maulwinkel, gerade in der Gebisslage, sind äußerst unangenehm und verursachen Schmerzen.

Aus der Praxis

Wenn du so eine kleine „Fressmaschine" wie ich zu Hause hast, überlege dir mal, ob du nicht eine Kiste mit Netz fürs Heu kaufst, aus der das Pferd quasi fast vom Boden frisst. Du kannst dir natürlich auch eine selbst bauen (im Internet gibt es viele Anleitungen hierfür). Star hat eine Kiste, die wir selbst gebaut haben, und bei uns funktioniert es wunderbar: Er ist lange beschäftigt und frisst dabei von unten.

Anmerkung: Für mich ist eine Kontrolle durch einen Pferdedentisten ein- bis zweimal im Jahr Pflicht.

6.1 Massage der Kiefer- und Kaumuskulatur

Ausgangsstellung: Stelle dich seitlich zum Kopf deines Pferdes, greife mit einer Hand in das Halfter und lege die andere Hand sanft auf die Kaumuskulatur.

Star genießt diese Massage immer sehr.

Durchführung: Jetzt streiche vom Kiefergelenk ausgehend nach unten. Du kannst erst einseitig beginnen und später auch beidseitig massieren. Zunächst streiche am Jochbein entlang, dann auch in die anderen Richtungen.

Starte sanft und erhöhe den Druck nur leicht pro Massagestrich. Dein Pferd wird dir anzeigen, welcher Druck ihm am angenehmsten ist und wann es genug hat. Wenn es den Kopf abwendet, versuche es an dieser Stelle noch einmal vorsichtig. Wenn dein Pferd sich erneut von dir abwendet, ist es ein Zeichen dafür, dass es genug ist und du dich anderen Übungen widmen kannst.

Ziel dieser Übung: Entspannung und Lockerung der Kiefer- und Kaumuskulatur. Dein Pferd sollte sich hierbei entspannen und den Kopf fallen lassen. Ein Kauen und Schlecken bestätigt deine Arbeit und ein Gähnen danach ist ein großes Kompliment an dich.

Welche Druckintensität ist hier richtig?
Du kannst in diesem Bereich mit **Stufe 1** starten und dich langsam bis **Stufe 2** oder auch auf **Stufe 3** vorarbeiten. Schaue auf die Reaktion deines Pferdes.

Geeignete Techniken sind hier:
Streichen und Kreiseln

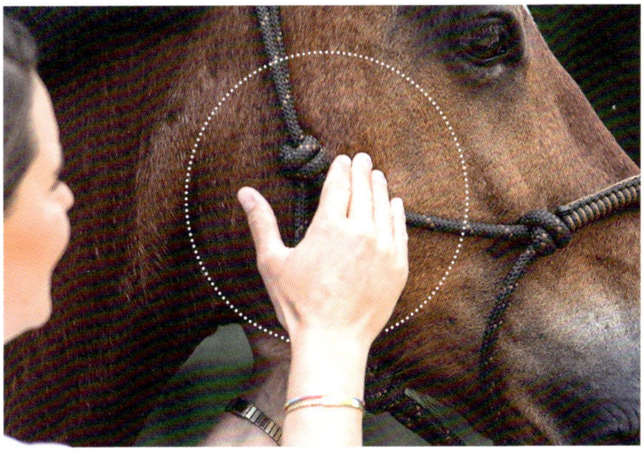

Versuche, während du massierst, ungefähr in diesem Bereich zu bleiben.

Für wen ist diese Übung geeignet?
Für eigentlich alle Pferde, aber besonders für diejenigen mit Verspannungen in diesem Bereich. Aber auch nach einer Zahnbehandlung tut deinem Pferd eine sanfte Massage in diesem Bereich sehr gut.

Für wen ist diese Übung nicht geeignet?
Diese Übung solltest du nicht machen, wenn dein Pferd eine Verletzung oder Probleme in diesem Bereich, wie z. B. der Zähne oder der Kiefergelenke, hat oder hatte. Sprich dazu diese Übung zunächst mit deinem Tierarzt oder Therapeuten ab.

Generell gilt: Wenn du unter deiner Hand oder deinen Fingern etwas Festes spürst, sollte der Druck immer etwas sanfter sein. Es könnte sich darunter vielleicht ein Knochen befinden und das wäre für dein Pferd unangenehm.

6.2 Druckpunktmassage der Kiefer- und Kaumuskulatur

Durchführung: Vielleicht hast du bei der vorherigen Übung (Massage der Kiefer- und Kaumuskulatur) ein paar Stellen gefunden, an denen es deinem Pferd besonders gut gefallen hat. Suche dir einen dieser Punkte und lege die Fingerspitzen darauf. Beginne sanft auf der Stelle zu kreisen, wirklich ganz kleine Kreise, und arbeite dich vorsichtig kreisend immer etwas tiefer, verweile für eine kurze Zeit an einem Punkt und gehe dann weiter zum nächsten. Finde heraus, an welchen Stellen es deinem Pferd besonders guttut.

Ziel dieser Übung: Entspannung der Kiefer- und Kaumuskulatur. Schön wäre es auch hier, wenn dein Pferd den Kopf fallen lässt, sich entspannt und abkaut.

Für wen ist diese Übung geeignet?

Wie auch schon bei der vorherigen Massage eignet diese sich ebenfalls für alle Pferde, aber besonders für diejenigen mit Verspannungen in diesem Bereich. Auch nach einer Zahnbehandlung tut deinem Pferd eine sanfte Massage an dieser Stelle gut.

Für wen ist diese Übung nicht geeignet?

Diese Übung solltest du nicht machen, wenn dein Pferd eine Verletzung oder Probleme in diesem Bereich, wie z. B. der Zähne oder der Kiefergelenke, hat oder hatte. Sprich dazu diese Übung zunächst mit deinem Tierarzt oder Therapeuten ab.

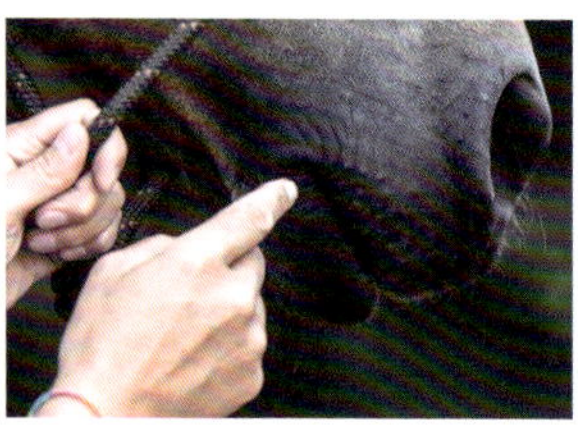
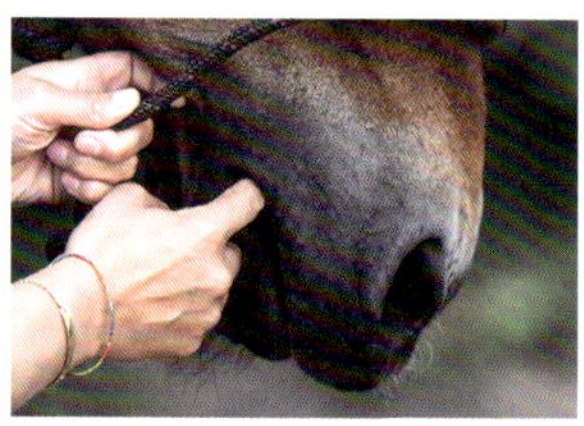
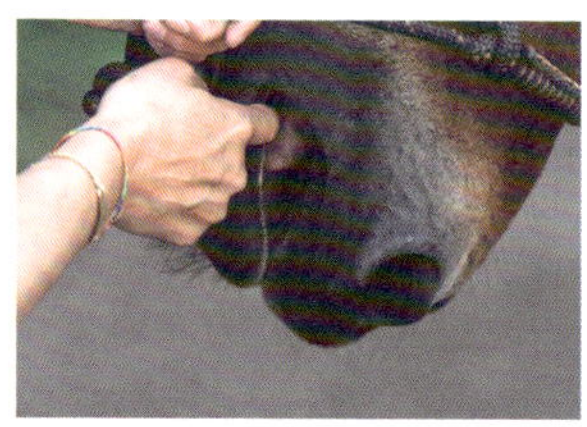

Sei bitte vorsichtig und pass auf deine Finger auf!

6.3 Die Abkauübung

Ausgangsstellung: Stelle dich seitlich neben den Kopf deines Pferdes und greife mit einer Hand an das Halfter.

Durchführung: Sei bei dieser Übung bitte sehr vorsichtig und pass auf deine Finger auf! Streiche zunächst sanft über das Maul deines Pferdes. Jetzt steckst du einen Finger seitlich in die Lade (zahnfreier Bereich, in dem auch das Gebiss liegt) und fange hier an, leicht zu massieren. Variiere den Druck, bis dein Pferd anfängt zu kauen. Sobald dein Pferd anfängt zu kauen, nimmst du den Finger wieder heraus und lobst es. Wenn du es mit einem Finger machst, achte darauf, dass du beide Seiten gleichmäßig anregst.

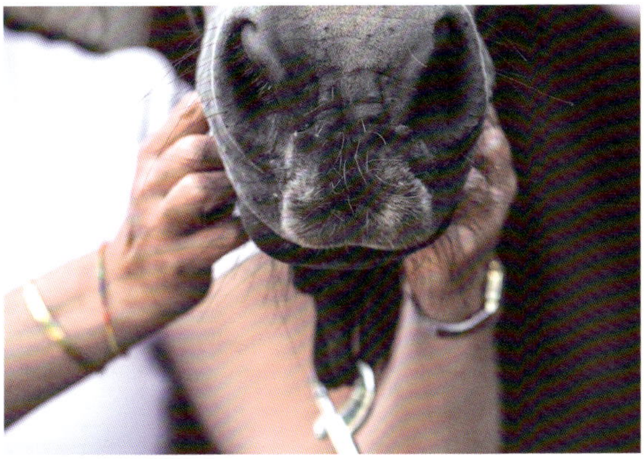

Du kannst es auch von beiden Seiten machen.

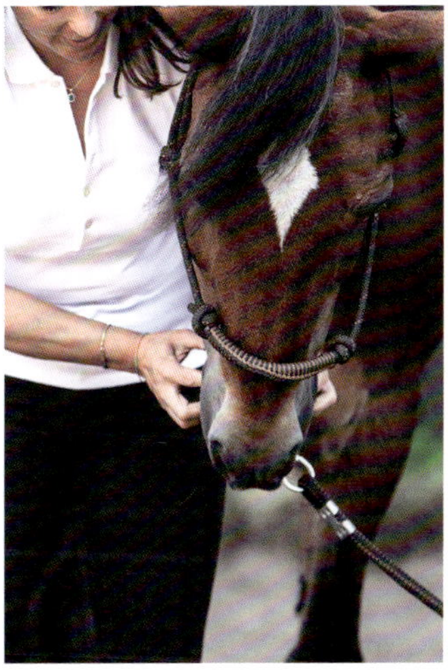

Wenn dein Pferd diese Übung kennt und ihr geübt seid, dann kannst du auch beidseitig jeweils einen Finger in die Lade legen.

Ziel dieser Übung: Lockerung der Kiefer- und Kaumuskulatur. Dein Pferd sollte anfangen, locker zu kauen, wenn du den Finger ins Maul schiebst. Star fängt schon an zu kauen, wenn ich allein einen Finger seitlich an die Lippen lege. Die Übung kannst du auch gut 3–5 Mal wiederholen.

Für wen ist diese Übung geeignet?

Diese Übung eignet sich für Pferde mit Problemen oder Verspannungen im Bereich der Kiefer- und Kaumuskulatur. Sie eignet sich aber auch bei fast allen Pferden vor dem Auftrensen, um die Kiefer- und Kaumuskulatur zu lockern und das Maul vorzubereiten. Du kannst es aber auch zwischendurch anwenden, das Kauen lockert die Muskulatur und baut auch Stress ab.

Für wen ist diese Übung nicht geeignet?

Diese Übung solltest du nicht machen, wenn dein Pferd eine Verletzung im Bereich der Zähne, der Maulwinkel oder des Kiefers hatte. Sprich dazu diese Übung zunächst mit deinem Tierarzt oder Therapeuten ab.

a. Das Genick
b. Die Genickmuskulatur

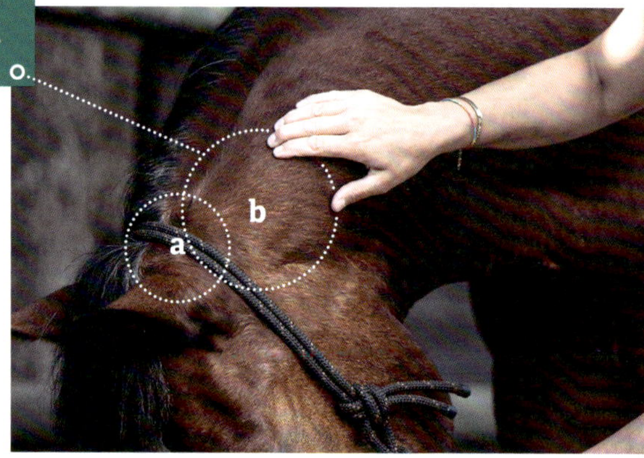

Das Genick

7. Der Dreh- und Angelpunkt

Das Genick wird gebildet durch den hinteren, oberen Teil des Kopfes und die ersten beiden Halswirbel. Dies ist ein äußerst sensibler Bereich des Pferdekörpers. Zudem ist es der Körperteil, der Veränderungen wie Verspannungen und Bewegungseinschränkungen im gesamten Pferdekörper am genauesten wahrnimmt. Gerade in diesem oberen Abschnitt der Halswirbelsäule sind unsere Pferde auch sehr beweglich. Vom Beugen über das Strecken bis hin zum Drehen sind alle Bewegungen möglich.

Das Genick steht in unmittelbarer Korrespondenz mit den Kiefergelenken. Das heißt, dass eine Blockade oder Verspannungen in dem einen Bereich auch Auswirkungen auf den anderen haben können. So haben auch Probleme oder Fehlstellungen der Zähne einen negativen Einfluss auf das Genick.

Die Genickmuskulatur stabilisiert und bewegt gleichzeitig den Kopf des Pferdes. Somit hat dieser Teil eine große Aufgabe im Balance-System. Während Pferde den Kopf gesenkt haben, ist die Genickmuskulatur dabei maximal entlastet und entspannt. Deshalb ist es auch gut, wenn unsere Pferde möglichst vom Boden fressen.

Einen Tag grasend auf der Koppel bedeutet nämlich auch maximale Entspannung und Entlastung für das Genick und auch für den Rest der gesamten Oberlinie. Dies bekommt ihr mit keinem Training so gut hin.

MEIN TIPP

Wenn ich Pferde behandle und sie die Genickmassage genießen, dann baue ich sie öfter zwischendurch immer wieder kurz mit in meine Behandlung ein: quasi für eine kleine Extraportion Entspannung zwischendurch.

Auch lösen gerade die Massage und Behandlung in diesem Bereich oft ein Gähnen aus. Vielleicht kannst du das ja auch bei deinem Pferd beobachten.

Eine Massage im Bereich des Genicks fördert zudem Entspannung, reduziert Stress und hält diesen wichtigen Bereich flexibel und beweglich.

Manche Pferde sind in diesem Bereich besonders empfindlich oder haben Verspannungen, hier solltest du vorsichtig und besonders sanft beginnen. Sei hier besonders vorsichtig, wenn dein Pferd knöcherne Veränderungen wie z. B. Arthrose hat, besprich diese Übung dann vorab erst einmal mit deinem Therapeuten oder Tierarzt.

7.1 Massage des Genicks einseitig

Ausgangsstellung: Stelle dich seitlich neben den Kopf deines Pferdes, Blickrichtung zum Pferd.

Durchführung: Greife mit der einen Hand in das Halfter und lege die andere Hand seitlich auf das Genick deines Pferdes. Streiche nun sanft vom Genick ausgehend die Muskulatur nach schräg unten aus. Starte mit **Druckstufe 1** und erhöhe den Druck nur leicht pro Massagestrich.

Jedes Pferd reagiert anders, deshalb biete es deinem Pferd erst einmal an und schaue, wie es reagiert. Manche Pferde sind auch gerade im Bereich der Ohren empfindlich, versuche hier etwas weiter unten zu starten.

Manche Pferde mögen es nicht so gerne, im Bereich der Ohren angefasst zu werden, starte hier etwas tiefer am Hals.

Ziel dieser Übung: Entspannung und Lockerung der Muskulatur im Bereich des Genicks. Dein Pferd sollte dabei den Kopf senken und sich entspannen.

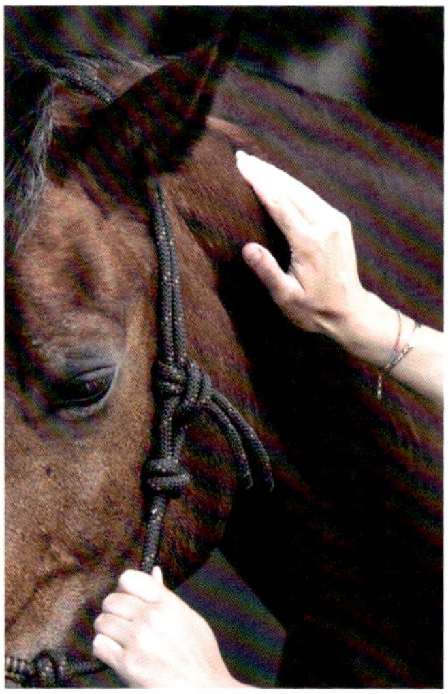

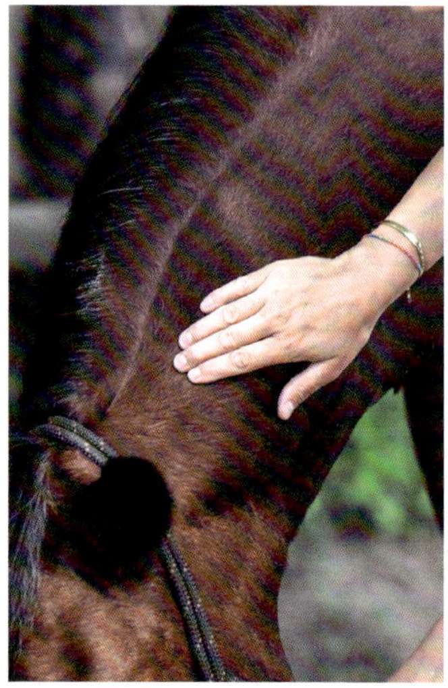

Star entspannt sich dabei total und senkt meist den Kopf.

Beachte dabei, dass manche Pferde etwas länger brauchen. Diese Übung wirkt sich auch allgemein entspannend auf den gesamten Körper aus.

Welche Druckintensität ist hier richtig?
Du kannst in diesem Bereich mit **Stufe 1** starten und dich bis **Stufe 2** vorarbeiten. Schaue auch hier, was deinem Pferd am besten gefällt. Weniger ist gerade in diesem Bereich oft mehr!

Geeignete Techniken sind hier:
Streichen und Kreiseln

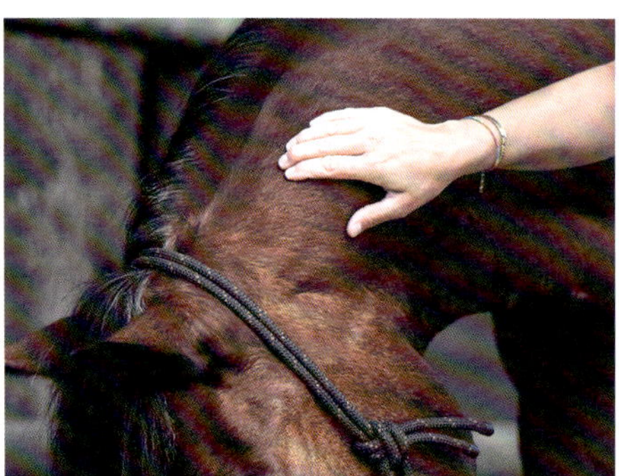

Für wen ist diese Übung geeignet?
Diese Übung eignet sich für Pferde mit Verspannungen im Bereich des Genicks, des Halses oder aber auch im Rücken. Generell ist diese Übung für viele Pferde sehr entspannend und fährt so den Muskeltonus des gesamten Körpers herunter.

Für wen ist diese Übung nicht geeignet?
Diese Übung solltest du nicht machen, wenn dein Pferd eine Verletzung oder Probleme, wie z. B. Arthrose, in diesem Bereich hat oder hatte. Sprich dazu diese Übung zunächst mit deinem Tierarzt oder Therapeuten ab.

Tipp: Achte auch bei dieser Übung bewusst auf deine Atmung. Sie sollte ruhig und gleichmäßig sein.

*** Star´s Favorite ***

7.2 Massage des Genicks beidseitig

Ausgangsstellung: Stelle dich seitlich neben den Kopf deines Pferdes, Blickrichtung zum Kopf deines Pferdes.

Durchführung: Greife mit der einen Hand in das Halfter, die andere legst du oben mittig auf das Genick, den Daumen auf die eine und den Zeigefinger auf die andere Seite des Mähnenkammes. Nun streiche von hier aus mit beiden Fingern nach hinten und übe dabei ganz leichten Druck nach unten aus. Starte sanft und erhöhe den Druck nur leicht pro Massagestrich. Alternativ verweilst du an einer Stelle und kreiselst dort mit den Fingerspitzen.

Jedes Pferd reagiert darauf anders, deshalb biete es deinem Pferd erst einmal an und schaue, wie es reagiert. Manche Pferde sind auch gerade im Bereich der Ohren empfindlich. Wenn das bei deinem Pferd so ist, beginne hier etwas weiter hinten.

Ziel dieser Übung: Entspannung und Lockerung des Genicks auf beiden Seiten. Dein Pferd sollte sich hierbei entspannen und den Kopf fallen lassen.

Seine Lieblingsmassage! Hierbei schließt er die Augen, schleckt sich das Maul und oft kann er das Gähnen nicht unterdrücken.

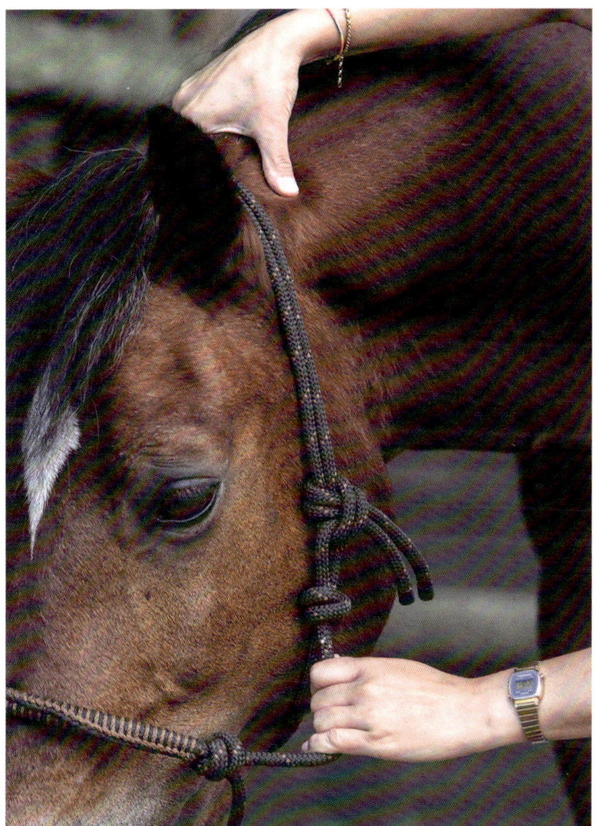

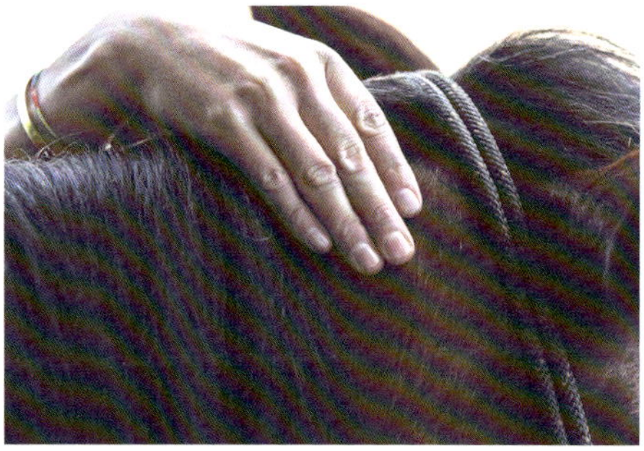

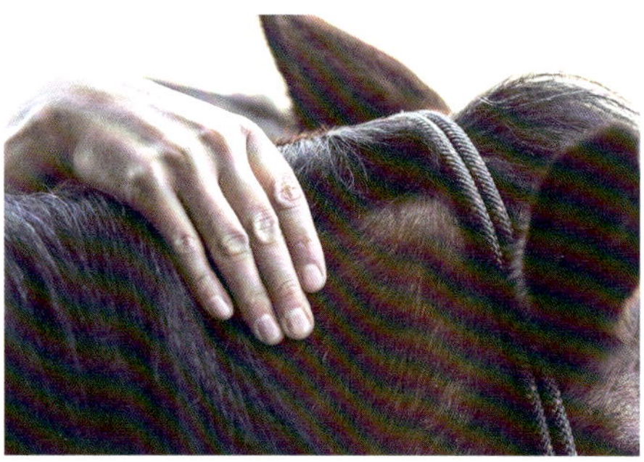

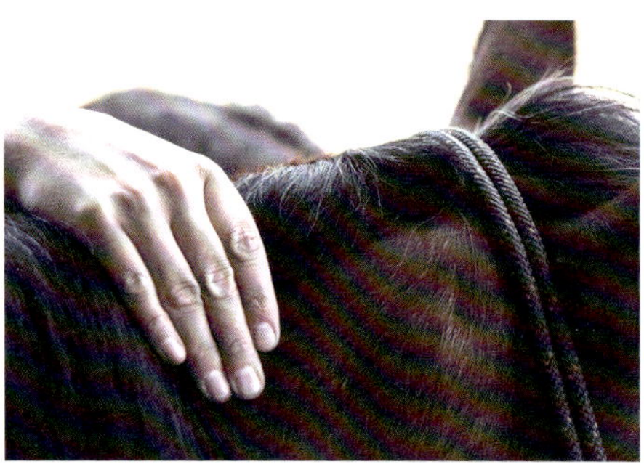

Diese Übung wirkt sich auch allgemein entspannend auf den gesamten Körper aus.

Welcher Druck ist der richtige?

Du kannst in diesem Bereich mit **Stufe 1** starten und dich bis **Stufe 2** vorarbeiten.

Geeignete Techniken sind hier:

Streichen und Kreiseln

Für wen ist diese Übung geeignet?

Diese Übung eignet sich sehr gut für Pferde mit Verspannungen im Bereich des Genicks, aber auch in der gesamten Oberlinie. Viele Pferde genießen eine Massage in diesem Bereich, deshalb kann man diese Übung auch immer mal gut zwischendurch einbauen.

Für wen ist diese Übung nicht geeignet?

Diese Übung solltest du nicht machen, wenn dein Pferd eine Verletzung oder Probleme im Bereich des Genicks, wie z. B. Arthrose, hat oder hatte. Sprich dazu diese Übung zunächst mit deinem Tierarzt oder Therapeuten ab.

Diese Massageübung wirkt sich auch allgemein entspannend auf den gesamten Körper aus.

Wichtig für das Gleichgewicht!

8. Die Halswirbelsäule

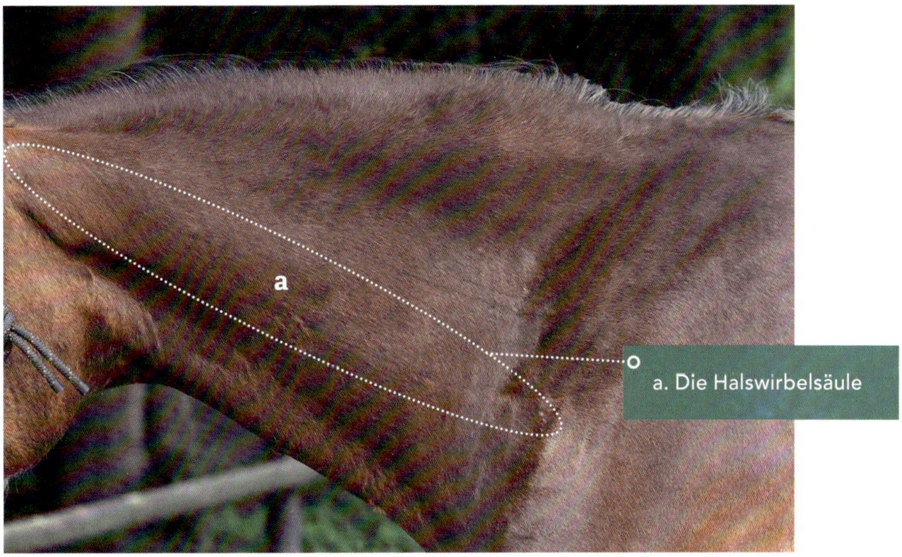

Die Halswirbelsäule des Pferdes besteht aus sieben Halswirbeln, ebenso wie bei uns Menschen. Die ersten beiden Halswirbel bilden zusammen mit dem Hinterhaupt des Kopfes das Genick. Die Halswirbelsäule ist auch der beweglichste Abschnitt der gesamten Wirbelsäule des Pferdes. Sie ist Dreh- und Angelpunkt, wenn es um Balance und Gleichgewicht geht, da unsere Pferde den Hals quasi auch als Balancierstange nutzen. Dies kannst du wunderbar beobachten, wenn du dein Pferd frei laufen lässt. Es wird sich in den Wendungen auch zeitweise mit dem Kopf nach außen stellen, um so besser in Balance zu bleiben.

In meinem Alltag als Therapeutin kommen Probleme im Bereich der Halswirbelsäule fast genauso häufig vor wie im Pferderücken. Denn unsere Pferde kompensieren gerade über die Halswirbelsäule Problematiken in anderen Bereichen ihres Körpers.

Bedenke: Ein schief sitzender Reiter, Probleme im Rücken oder ein abgetretenes Eisen, all dies wird über die Halswirbelsäule ausgeglichen, um den Körper auch weiterhin gerade und in Balance zu halten.

Um so jünger oder untrainierter Pferde sind, desto mehr brauchen sie die Möglichkeit, sich über den Hals auszubalancieren. Ansonsten sind Probleme, wie z. B. Verspannungen, vorprogrammiert.

a. Die Muskulatur des oberen Halses
b. Die Muskulatur des unteren Halses

Aus diesem Grund wird deinem Pferd eine Massage oder eine der anderen Übungen in diesem Bereich sehr guttun.

8.1 Massage im Bereich der Halsmuskulatur

Ausgangsstellung: Stelle dich seitlich an den Hals deines Pferdes. Eine Hand greift ins Halfter, die andere Hand legst du kurz unterhalb des Genicks flach auf den Hals deines Pferdes.

Durchführung: Fange vom Genick aus an, den gesamten Hals mit der flachen Hand auszustreichen. Starte auch hier wieder mit **Stufe 1** und erhöhe mit jedem Strich etwas den Druck. Wenn dies deinem Pferd gefällt, kannst du auch kreiseln, hierfür kannst du entweder mit den Fingerspitzen oder mit der flachen Hand massieren. Arbeite in großen und kleinen Kreisen den gesamten Hals aus. Jedes Pferd reagiert anders, deshalb biete es deinem Pferd erst einmal an und schaue, wie es reagiert. Generell gilt: wenn du unter deiner Hand/deinen Fingern etwas Festes spürst, sollte der Druck immer etwas weniger werden.

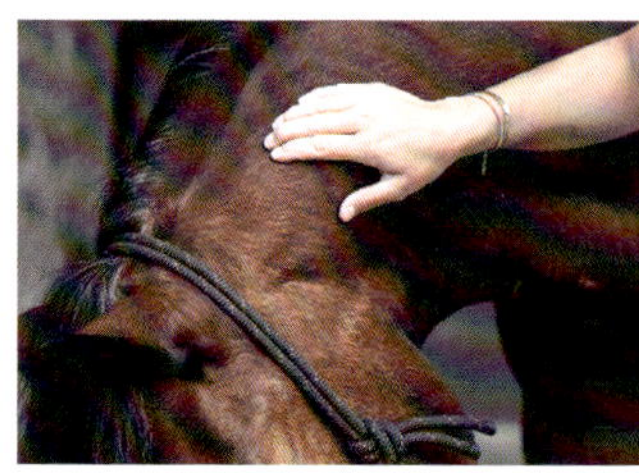

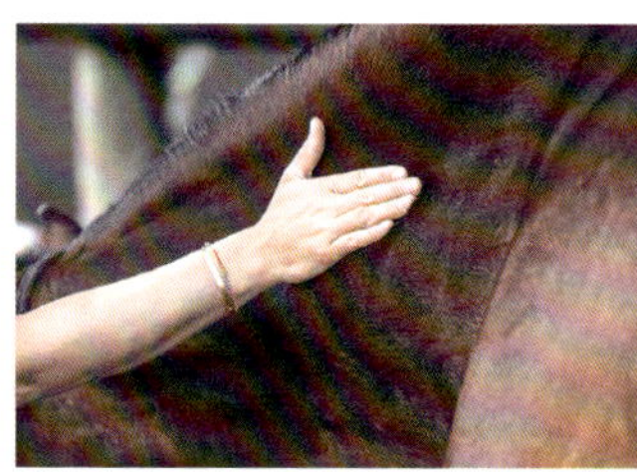

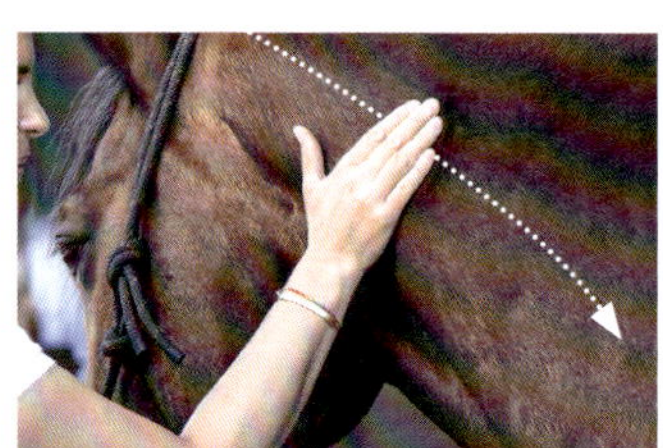

Arbeite stets von oben nach unten.

Es könnte sich darunter vielleicht ein Knochen befinden und das wäre für dein Pferd unangenehm.

Ziel dieser Übung: Entspannung und Lockerung des Halses. Dein Pferd sollte sich hierbei entspannen und den Kopf fallen lassen. Diese Übung wirkt sich auch allgemein entspannend auf den gesamten Körper aus.

Welcher Druck ist der richtige?
Du kannst in diesem Bereich mit **Stufe 1** starten und dich bis **Stufe 3** vorarbeiten.

Geeignete Techniken sind hier:
Mit der ganzen Hand streichen oder mit den Fingerspitzen kreiseln.

Für wen ist diese Übung geeignet?
Diese Übung eignet sich sehr gut für Pferde mit Verspannungen im Bereich des Genicks und des Halses. Auch wenn dein Pferd beim Reiten Schwierigkeiten hat, sich im Hals zu biegen und zu stellen, wird ihm diese Übung sehr guttun.

Für wen ist diese Übung nicht geeignet?
Diese Übung solltest du nicht machen, wenn dein Pferd eine Verletzung oder Probleme im Bereich der Halswirbelsäule oder des Halses, wie z. B. Arthrose, hat oder hatte. Sprich dazu diese Übung zunächst mit deinem Tierarzt oder Therapeuten ab.

8.2 Massage der Muskulatur am unteren Hals

Da diese Muskulatur an der Bewegung der Vorhand beteiligt ist, sind viele Pferde hier oft verspannt und weisen Probleme in diesem Bereich auf.

Ausgangsstellung: Stelle dich seitlich an den Hals deines Pferdes, Blickrichtung zum Pferdekopf.

Durchführung: Greife mit der einen Hand in das Halfter deines Pferdes, mit der anderen Hand streichst du sanft über die untere Halspartie, vor dem Schulterblatt. Streiche immer wieder von oben nach unten am Schulterblatt entlang. Du kannst dein Pferd auch gerne etwas mit dem Kopf

Arbeite ruhig und starte immer sanft.

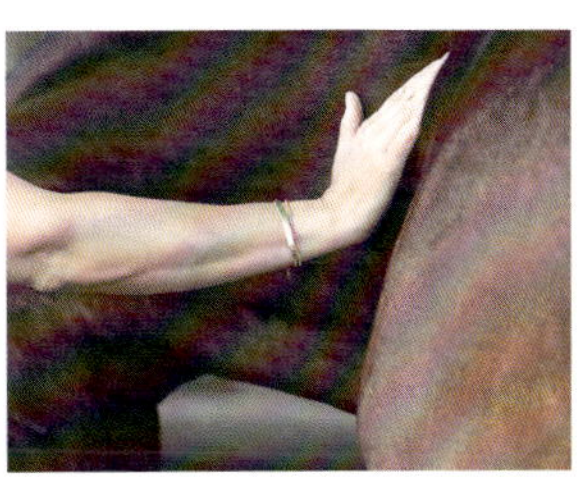

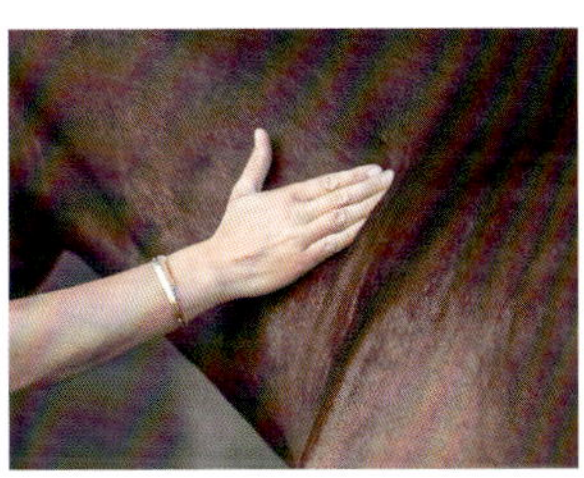

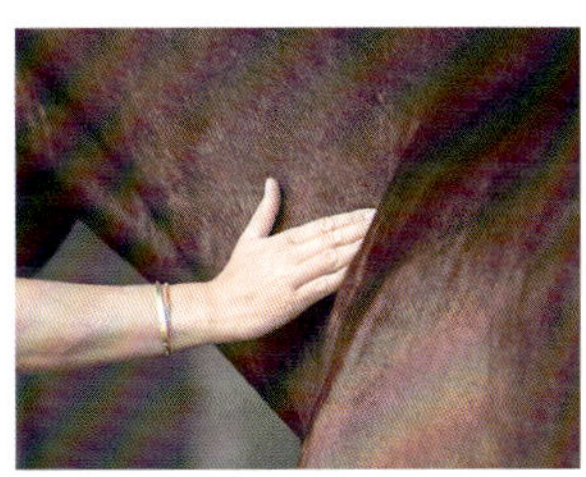

Wenn du den Kopf deines Pferdes etwas zu dir herumführst, wird es dir leichter fallen, tiefer in die Muskulatur zu kommen.

zu deiner Seite bewegen, also quasi etwas zu deiner Seite einstellen. Versuche bei jedem Strich mit deiner Hand vorsichtig etwas vor bzw. unter das Schulterblatt zu kommen.

Ziel dieser Übung: Entspannung und Lockerung der unteren Halswirbelsäule und der umliegenden Muskulatur in diesem Bereich. Dein Pferd sollte sich hierbei entspannen und den Kopf etwas fallen lassen. Diese Übung wirkt sich auch allgemein entspannend auf den gesamten Körper aus.

Welcher Druck ist der richtige?

Du kannst in diesem Bereich mit **Stufe 1** starten und dich bis **Stufe 3** vorarbeiten.

Geeignete Techniken sind hier:

Streichen

Für wen ist diese Übung geeignet?

Diese Übung eignet sich sehr gut für Pferde mit Verspannungen im Bereich der Hals- und Schultermuskulatur. Wenn dein Pferd beim Reiten z. B. eine eingeschränkte Beweglichkeit in der Vorhand oder Probleme beim Stellen und Biegen hat, dann wird ihm diese Übung sehr guttun.

Für wen ist diese Übung nicht geeignet?

Diese Übung solltest du nicht machen, wenn dein Pferd eine Verletzung oder Probleme im Bereich des Halses oder der Schulter, wie z. B. Arthrose, hat oder hatte. Sprich dazu diese Übung zunächst mit deinem Tierarzt oder Therapeuten ab.

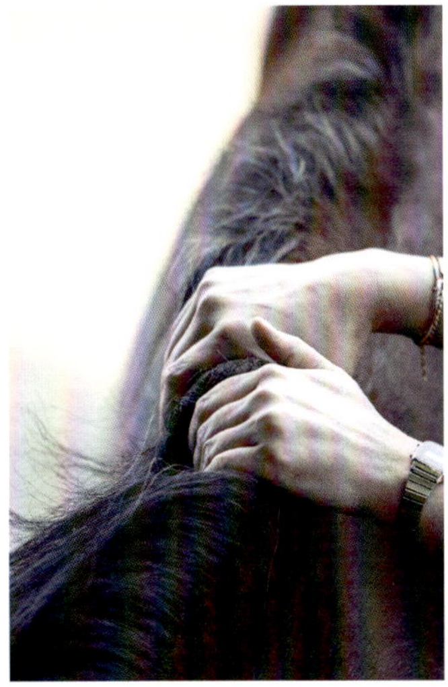

8.3 Kneten des Mähnenkammes

Der Mähnenkamm bzw. die Mukulatur darunter dient nicht nur zum Einflechten, sondern ist auch an der Oberlinie und der Beweglichkeit des Halses beteiligt.

Durchführung: Stelle dich auf Höhe des Widerrists deines Pferdes und lege beide Hände darauf. Nun gleite ein Stück mit beiden Händen auf dem Mähnenkamm entlang Richtung Kopf, bis es unter deinen Händen etwas weicher ist. Nun beginne langsam den Mähnenkamm mit **Druckstufe 2** und beiden Händen zu kneten. Arbeite dich so weiter Richtung Genick.

Wenn es dein Pferd genießt, dann kannst du den Mähnenkamm bis **Stufe 4** wie einen Pizzateig durchkneten. Werde aber immer etwas sanfter, wenn du in die Richtung des Genicks kommst. Arbeite dich so ca. 3–5 Mal den Mähnenkamm entlang.

Ziel dieser Übung: Entspannung und Lockerung des Halses, der Oberlinie und der umliegenden Muskulatur in diesem Bereich. Dein Pferd sollte sich hierbei entspannen und den Kopf etwas fallen lassen.

Genießt dein Pferd diese Massageübung, kannst du den Mähnenkamm wie einen guten Pizzateig durchkneten.

Diese Übung wirkt sich allgemein entspannend auf den gesamten Pferdekörper aus.

Welcher Druck ist der richtige?

Du kannst in diesem Bereich mit **Stufe 2** starten und dich bis **Stufe 4** vorarbeiten. Es hängt natürlich davon ab, wie es deinem Pferd gefällt. Manche lieben es sanft und andere, wie mein Star zum Beispiel, lieben es, an dieser Stelle so richtig durchgeknetet zu werden. Wie sieht es bei deinem Pferd aus?

Vorsicht, nicht jedes Pferd mag das so gerne wie Star!

Geeignete Techniken sind hier:

Kneten

Für wen ist diese Übung geeignet?

Diese Übung eignet sich sehr gut für Pferde mit Verspannungen im Bereich der Halses und der Oberlinie. Wenn dein Pferd beim Reiten z. B. Schwierigkeiten hat, den Hals fallen zu lassen, dann wird ihm diese Übung sehr guttun.

Für wen ist diese Übung nicht geeignet?

Diese Übung solltest du nicht machen, wenn dein Pferd eine Verletzung oder Probleme im Bereich des Halses, wie z. B. Arthrose, hat oder hatte. Sprich dazu diese Übung zunächst mit deinem Tierarzt oder Therapeuten ab.

8.4 Dehnung des Oberarm-Kopf-Muskels

Dieser Muskel entspringt am Oberarm deines Pferdes und verläuft im unteren Teil des Halses bis zum Kopf. Er beeinflusst die Biegung des Halses und ist maßgeblich am Raumgriff des Vorderbeines beteiligt. So lässt sich dieser Muskel über das Bein sowie auch über den Kopf/Hals dehnen.

Variante 1: Über das Bein

Am besten hält ein Helfer dein Pferd fest und du stellst dich neben seine Schulter, mit Blickrichtung zum Kopf deines Pferdes. Hebe das Vorderbein, wie zum Hufe auskratzen, hoch. Halte es leicht gebeugt (ungefähr im 90 Grad Winkel, aber nicht steiler) und bewege es langsam und sanft Richtung Hinterbein.

Gib deinem Pferd etwas Zeit. Falls es ihm schwerfällt, lockerzulassen, gehe wieder ein paar Zentimeter zurück und versuche es dann erneut.

Du kannst auch versuchen, das Bein ganz sanft und leicht zu schütteln. Einigen Pferden hilft das dabei, sich zu entspannen und lockerzulassen. Wenn dein Pferd loslässt und die Übung gut mitmacht, halte das Bein an der Stelle für etwa 60 Sekunden, löse es langsam und stelle es wieder ab. Dies kannst du 3–5 Mal wiederholen.

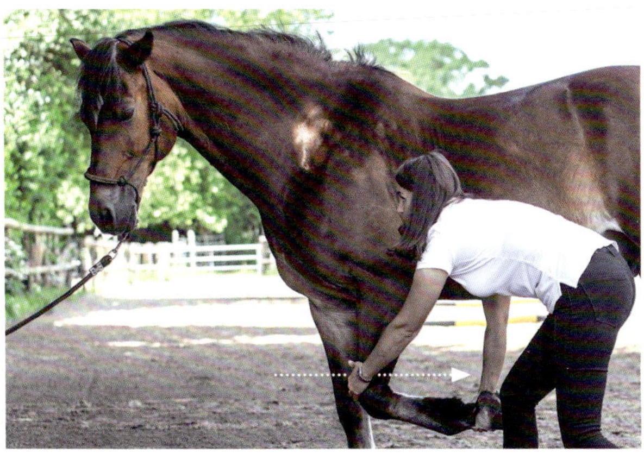

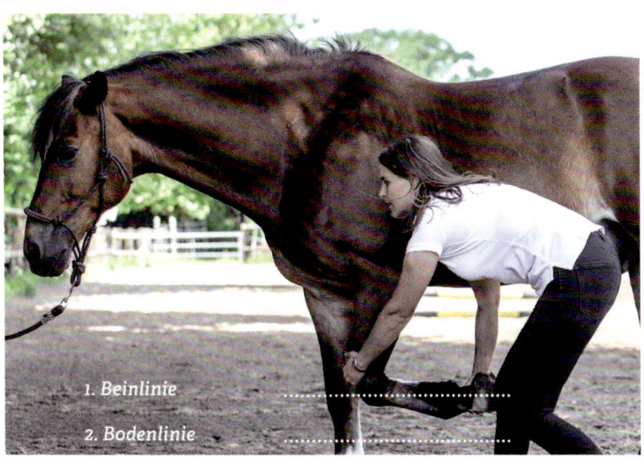

Halte den Huf so, dass der untere Teil des Beines parallel zum Boden ist.

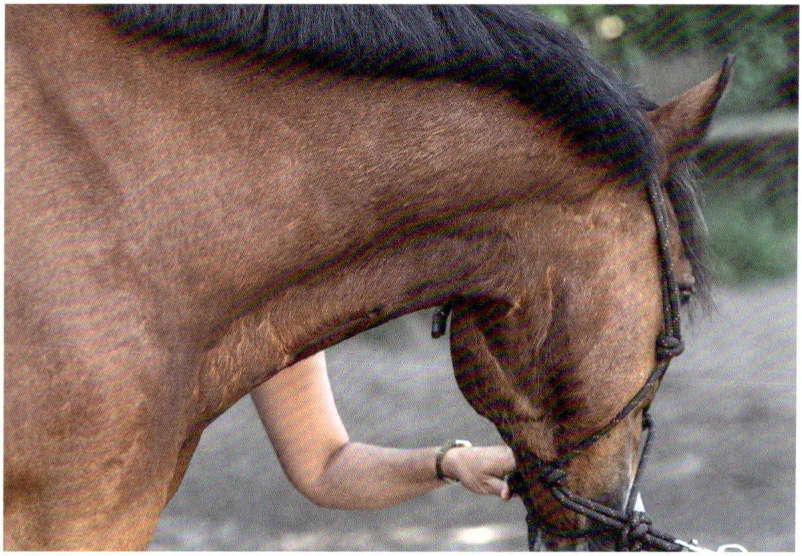

Bei Variante 2: führe den Kopf sanft zu dir herum.

Ziel dieser Übung: Dehnung des Oberarm-Kopf-Muskels. Diese Übung wird deinem Pferd helfen, seine Vorhand beweglicher zu machen.

Für wen ist diese Übung geeignet?

Diese Übung eignet sich sehr gut für Pferde mit Verspannungen im Bereich der Hals- und Schultermuskulatur sowie für Pferde, die in der Beweglichkeit der Vorhand eingeschränkt sind.

Für wen ist diese Übung nicht geeignet?

Diese Übung solltest du nicht machen, wenn dein Pferd eine Verletzung oder Probleme im Bereich des Halses oder der Schulter, wie z. B. Arthrose, hat oder hatte. Sprich dazu diese Übung zunächst mit deinem Tierarzt oder Therapeuten ab.

Variante 2: Über den Kopf

Bei dieser Übung fasse zunächst mit einer Hand in das Halfter und mit der anderen vor die Schulter in die Halsfaszie. Biege dein Pferd jetzt langsam und möglichst tief zu dir herum.

Gehe nur so weit, wie es dein Pferd zulässt. Wenn es Gegendruck aufbaut, gehe wieder etwas zurück. Nimm den Kopf deines Pferdes zur Seite und führe ihn nach unten. Gib deinem Pferd etwas Zeit. Falls es ihm schwerfällt, lockerzulassen, gehe wieder einen Zentimeter zurück und versuche es dann erneut. Halte den Kopf und Hals für etwa 60 Sekunden in dieser Stellung. Dies kannst du auch 3–5 Mal wiederholen.

Ziel dieser Übung: Entspannung und Lockerung der Halswirbelsäule und der umliegenden Muskulatur in diesem Bereich. Dein Pferd sollte sich hierbei entspannen

a. Verlauf des Oberarm-Kopf-Muskels

und den Kopf etwas fallen lassen. Diese Übung wirkt sich auch allgemein entspannend auf den gesamten Körper aus.

Für wen ist diese Übung geeignet?

Diese Übung eignet sich sehr gut für Pferde mit Verspannungen im Bereich der Hals- und Schultermuskulatur. Wenn dein Pferd beim Reiten z. B. eine eingeschränkte Beweglichkeit in der Vorhand oder Probleme beim Stelllen und Biegen hat, dann wird ihm diese Übung sehr guttun.

Für wen ist diese Übung nicht geeignet?

Diese Übung solltest du nicht machen, wenn dein Pferd eine Verletzung oder Probleme im Bereich des Halses oder der Schulter, wie z. B. Arthrose, hat oder hatte. Sprich dazu diese Übung zunächst mit deinem Tierarzt oder Therapeuten ab.

Fangen wir von vorne an...

9. Die Vorhand

Die Vorhand deines Pferdes beginnt am oberen Rand des Schulterblattes und endet unten am Huf. Unsere Pferde besitzen kein Schlüsselbein so wie wir, das heißt, dass die Vorderbeine nicht knöchern mit dem Rest des Körpers verbunden sind, sondern nur über einen Muskel-, Sehnen- und Bandapparat an den Körper angeheftet sind.

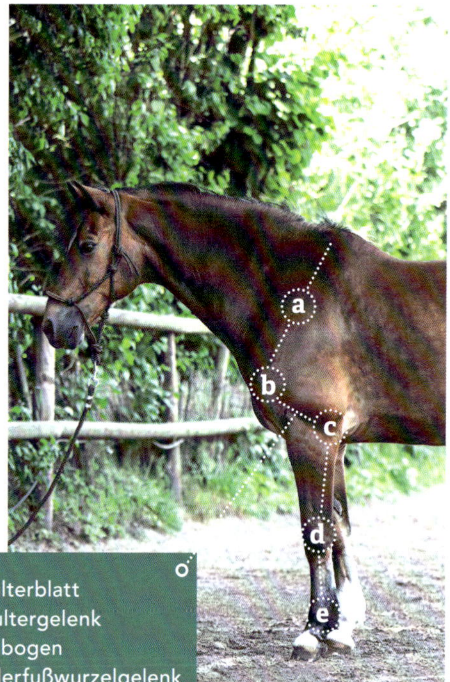

a. Das Schulterblatt
b. Das Schultergelenk
c. Der Ellenbogen
d. Das Vorderfußwurzelgelenk
e. Das Fesselgelenk

Der Rumpf ist wie eine Art Hängematte zwischen dem Schultergürtel aufgehängt. Durch diese komplexe Konstruktion ist der Schultergürtel unserer Pferde sehr beweglich und dient außerdem als Stoßdämpfer.

Deshalb ist gerade hier eine lockere und funktionstüchtige Muskulatur so wichtig. Sie federt Stöße und abrupte Belastungen, die auf die Vorhand wirken, ab und schont somit die Gelenke und Sehnen. Eine verspannte Muskulatur wäre dazu nicht in der Lage und die Stöße würden direkt auf die Gelenke übertragen werden, was über längere Zeit einen erheblichen Schaden anrichten kann.

Diese federnde und stoßdämpfende Muskultur des Schultergürtels gehört auch zum Trageapparat, auf den ich hier aber noch in einem eigenen Abschnitt eingehen werde (ab S. 59). Bleiben wir hier also erst einmal nur bei der Beweglichkeit der Vorhand.

Nicht nur die Dressurreiter unter euch freuen sich über ein schönes weites Gangbild im Schritt und im Trab sowie viel Raumgriff im Galopp. Damit dies möglich ist, muss die Vorhand frei beweglich und gut gedehnt sein, damit dein Pferd fähig ist, sich raumgreifend zu bewegen.

Versuche, direkt unterhalb des Schulterblatts entlang zu streichen und dir gerade am Anfang einen Überblick zu verschaffen.

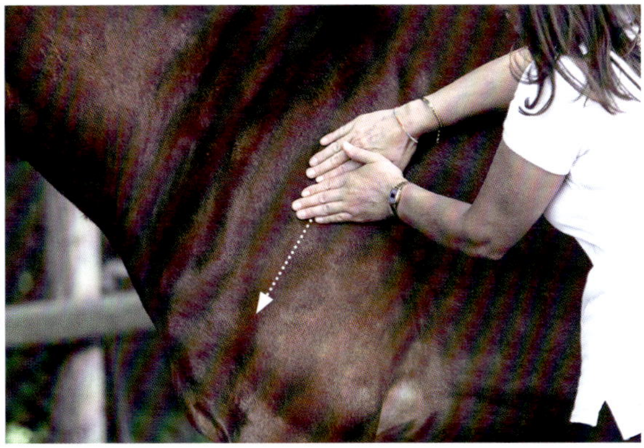

An der Beweglichkeit und Dehnfähigkeit lässt sich gut arbeiten. Allerdings verspreche ich dir hier nicht, dass dein Pferd beim nächsten Reiten „die Lampen austritt"! Aber auch mal abgesehen davon, ist es von Vorteil, wenn sich dein Pferd frei und locker in diesem Bereich bewegen kann.

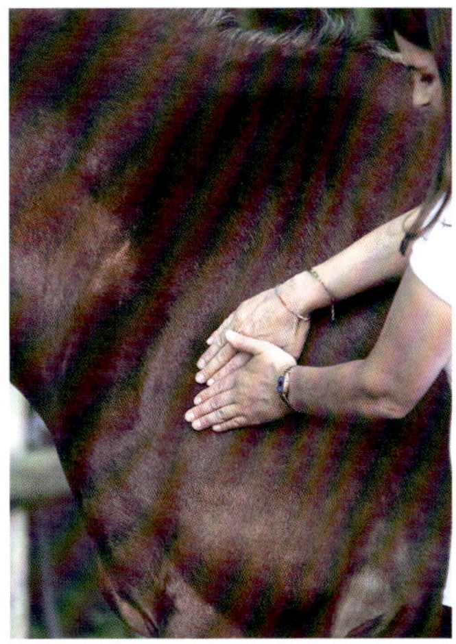

9.1 Massage entlang des Schulterblattes und der Schultermuskulatur

Ausgangsposition: Stelle dich seitlich, auf Höhe der Vorhand, neben dein Pferd.

Durchführung: Lege deine Hand sanft unterhalb des Schulterblattrandes deines Pferdes auf. Streiche nun mit leichtem Druck von hier aus schräg nach unten entlang des Schulterblatts und lasse deinen Strich weich auslaufen – der Druck soll von oben nach unten abnehmen, also immer geringer werden. Ende hier kurz vor dem Schultergelenk oder dem Oberarm.

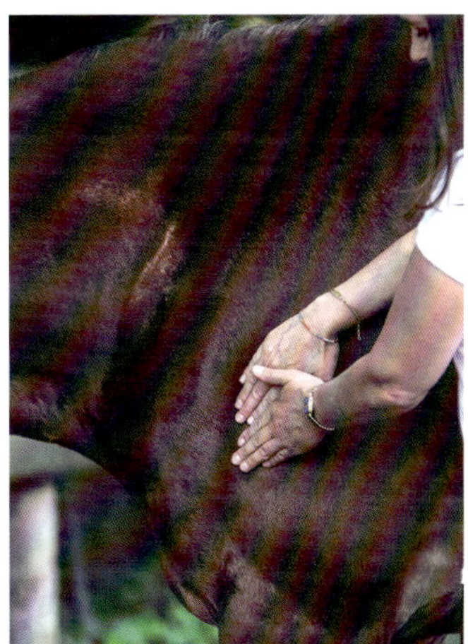

Du kannst mit deinen „Strichen" auch etwas weiter nach hinten und unten wandern und so die Schulter- und Oberarmmuskulatur verwöhnen. Starte sanft und erhöhe den Druck nur leicht pro Massagestrich. Jedes Pferd reagiert anders, deshalb biete es deinem Pferd erst einmal an und schaue, ob es ihm gefällt.

Ziel dieser Übung: Entspannung und Lockerung der Schultermuskulatur. Dein Pferd sollte sich hierbei entspannen und die Muskulatur in diesem Bereich lockern, damit du vielleicht noch ein Stück tiefer

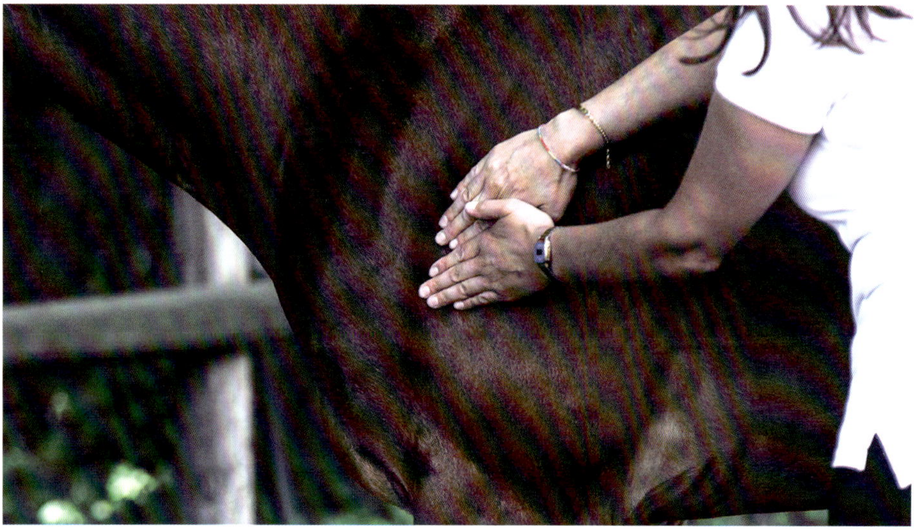

in den Muskel kommst. Vergleiche auch gerade diesen Muskel auf beiden Seiten. Ist er auf einer Seite stärker ausgeprägt? Fühlt er sich auf einer Seite fester an oder sind beide Seiten gleich?

Welcher Druck ist der richtige?

Du kannst in diesem Bereich mit **Stufe 1** starten und dich bis **Stufe 3** vorarbeiten.

Geeignete Techniken sind hier:

Streichen und Kreiseln

Für wen ist diese Übung geeignet?

Diese Übung eignet sich sehr gut für Pferde mit Verspannungen im Bereich der Vorhand und der Schultermuskulatur. Wenn dein Pferd beim Reiten z. B. eingeschränkt beweglich in der Vorhand ist, dann wird ihm diese Übung sehr guttun. Bei der Bewegung der Vorhand nach vorne muss auch dieser Muskel sich entspannen, loslassen und wieder dehnen, um den Raumgriff nach vorne zuzulassen.

Für wen ist diese Übung nicht geeignet?

Diese Übung solltest du nicht machen, wenn dein Pferd eine Verletzung oder Probleme im Bereich der Vorhand, wie z. B. Arthrose, hat oder hatte. Sprich dazu diese Übung zunächst mit deinem Tierarzt oder Therapeuten ab.

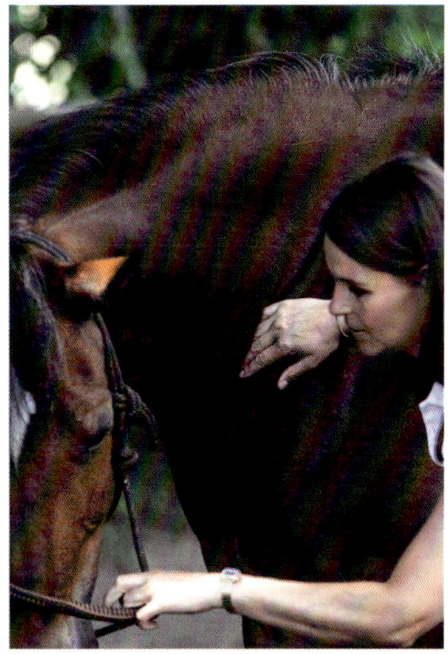

9.2 Massage der Schultermuskulatur

Der vordere Teil des Schultermuskulatur, der unter dem Schulterblatt ausgehend bis zum Hals reicht, lässt sich ganz einfach massieren. Gerade hier direkt am Schulterblatt finden sich oft Verspannungen.

Diese Übung kennst du vielleicht noch aus dem Kapitel der Halswirbelsäule (siehe S. 41). Sie eignet sich hervorragend für beide Bereiche.

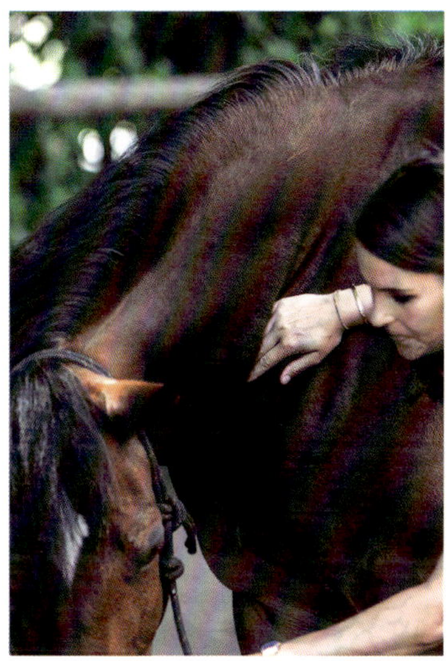

Ausgangsposition: Stelle dich seitlich, auf Höhe der Vorhand, neben dein Pferd. Greife mit der einen Hand in das Halfter und nimm den Kopf und den Hals etwas zu dir herum.

Durchführung: Streiche mit der anderen Hand flach vorne am Schulterblatt entlang und gleite etwas unter die Muskulatur. Streiche immer wieder langsam von oben nach unten und löse so die Muskulatur. Du kannst dein Pferd auch gern etwas mit dem Kopf zu deiner Seite bewegen, also quasi etwas zu deiner Seite einstellen. Versuche bei jedem Strich, mit deiner Hand vorsichtig etwas vor bzw. unter das Schulterblatt zu kommen.

Ziel dieser Übung: Entspannung und Lockerung der Schulter, der unteren Halswirbelsäule und der umliegenden Muskulatur in diesem Bereich. Dein Pferd sollte sich hierbei entspannen und den Kopf etwas fallen lassen. Diese Übung wirkt sich auch allgemein entspannend auf den gesamten Körper aus.

Welcher Druck ist der richtige?
Du kannst in diesem Bereich mit **Stufe 1** starten und dich bis **Stufe 3** vorarbeiten.

Geeignete Techniken sind hier:
Streichen

Wenn du den Kopf langsam zu dir herumführst, wird sich die Muskulatur im Hals etwas entspannen.

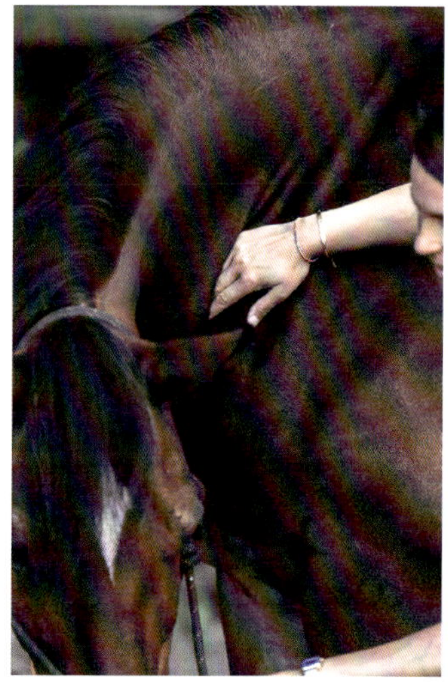

Für wen ist diese Übung geeignet?

Diese Übung eignet sich sehr gut für Pferde mit Verspannungen im Bereich der Hals- und Schultermuskulatur. Wenn dein Pferd beim Reiten z. B eine eingeschränkte Beweglichkeit in der Vorhand oder Probleme beim Stellen und Biegen hat, dann wird ihm diese Übung sehr guttun.

Für wen ist diese Übung nicht geeignet?

Diese Übung solltest du nicht machen, wenn dein Pferd eine Verletzung oder Probleme im Bereich des Halses oder der Schulter, wie z. B. Arthrose, hat oder hatte. Sprich dazu diese Übung zunächst mit deinem Tierarzt oder Therapeuten ab.

9.3 Dehnung der Vorhand nach vorne

Die Muskeln und Sehnen, die rückseitig entlang des Vorderbeins verlaufen, sind maßgeblich am Raumgriff des Vorderbeines beteiligt. Sind diese Muskeln und Sehnen verkürzt oder schlecht dehnfähig, bremsen sie die Bewegung des Beines nach vorne. Wenn dein Pferd schon mal eine Verletzung am Bein oder den Sehnen hatte, kläre diese Übung bitte erst einmal mit deinem Tierarzt und deinem Therapeuten ab.

Um die Beweglichkeit der Vorhand deines Pferdes nach vorne zu erhalten und zu verbessern, kannst du folgende Übung machen.

Ausgangsposition: Lasse dein Pferd von jemandem festhalten und stelle dich mit Blickrichtung zur Hinterhand neben die Schulter deines Pferdes. Hebe das Vorderbein, wie zum Hufe auskratzen, auf.

Mach diese Übungen langsam und gib deinem Pferd Zeit.

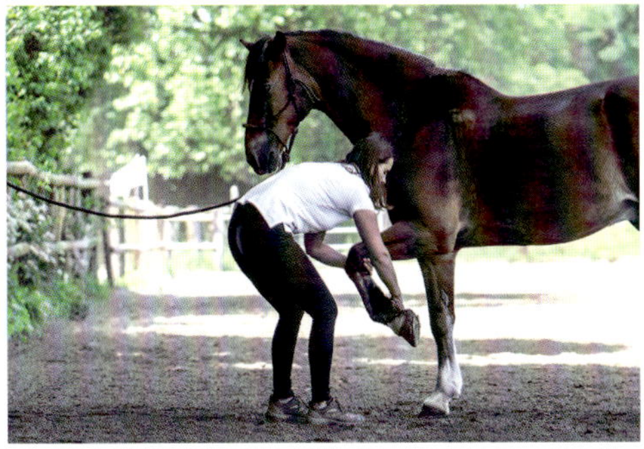

Durchführung: Führe es nun vorsichtig und langsam nach vorne Richtung Kopf. Greife dabei mit beiden Händen in die Fesselbeuge, um das Bein deines Pferdes sicher halten zu können.

Verschränke hierbei bitte nicht deine Finger ineinander, sondern lege nur die Hände aufeinander (siehe Foto).

Strecke das Bein allmählich weiter nach vorne, versuche dabei Huf und Bein möglichst tief zu halten, da dein Pferd sonst über die Wirbelsäule kompensieren bzw. blockieren könnte. Gib deinem Pferd etwas Zeit. Falls es ihm schwerfällt, lockerzulassen, gehe wieder um einige Zentimeter zurück und versuche es noch einmal. Halte das Vorderbein für etwa 60 Sekunden in dieser Position.

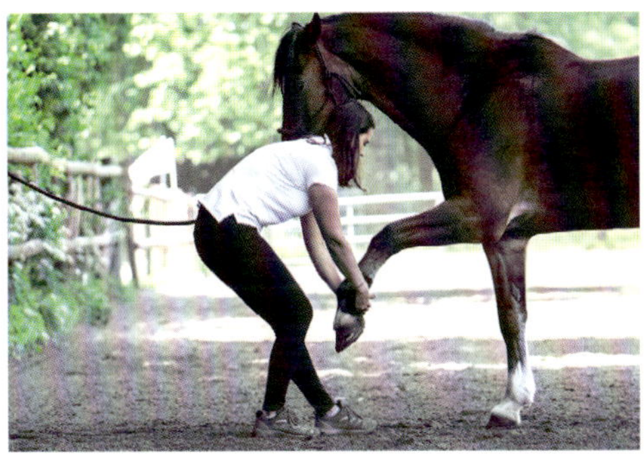

Ziel dieser Übung: Dehnung der Vorhand nach vorne, um die Vorhand in diese Richtung beweglicher zu machen und die rückläufigen Muskeln und Strukturen zu dehnen. Beobachte, ob sich die Beweglichkeit des Vorderbeines mit der Zeit verbessert, und vergleiche auch hier wieder beide Seiten miteinander.

Diese Übung wird deinem Pferd helfen, seine Vorhand besser zu bewegen und den Raumgriff zu erweitern. Sie eignet sich hervorragend auch als Übung nach dem Reiten.

Für deine Sicherheit: Um den Griff schnell lösen zu können, verschränke hierbei bitte nicht deine Finger ineinander, sondern lege nur die Hände aufeinander.

Beachte: Dein Pferd sollte hierfür schon gut ausbalanciert einige Zeit auf drei Beinen stehen können.

Für wen ist diese Übung geeignet?
Diese Übung eignet sich sehr gut für Pferde mit Verspannungen im Bereich der Hals- und Schultermuskulatur sowie Pferde, die in der Beweglichkeit der Vorhand eingeschränkt sind.

Für wen ist diese Übung nicht geeignet?
Diese Übung solltest du nicht machen, wenn dein Pferd eine Verletzung oder Probleme im Bereich des Halses oder der Schulter, wie z. B. Arthrose, hat oder hatte. Sprich dazu diese Übung zunächst mit deinem Tierarzt oder Therapeuten ab.

9.4 Dehnung der Vorhand nach hinten

Gib während der Übungen gut auf deine Finger und Hände acht.

Genauso wichtig, wie die Beweglichkeit nach vorne, ist auch die Bewegung nach hinten. Um diese zu erhalten und zu verbessern, kannst du mit deinem Pferd folgende Übung machen. Diese Übung findest du auch im Kapitel Halswirbelsäule auf Seite 43.

Ausgangsposition: Am besten hält ein Helfer dein Pferd fest und du stellst dich neben seine Schulter, mit Blickrichtung zum Kopf deines Pferdes. Hebe sein Vorderbein, wie zum Hufe auskratzen, hoch und halte es leicht gebeugt (etwa 90 Grad, nicht steiler).

Durchführung: Bewege es nun langsam und sanft Richtung Hinterbein.

Achte bei den Übungen auf die Reaktion deines Pferdes.

Gib deinem Pferd etwas Zeit. Falls es ihm schwerfällt, lockerzulassen, gehe wieder einige Zentimeter zurück. Du kannst auch versuchen, das Bein ganz sanft und leicht zu schütteln. Einigen Pferden hilft dies, sich dann zu entspannen und lockerzulassen.

Wenn dein Pferd loslässt und die Übung gut mitmacht, dann halte das Bein an der jeweiligen Stelle für etwa 60 Sekunden, löse es langsam und stelle es wieder ab. Dies kannst du 3–5 Mal wiederholen.

Ziel dieser Übung: Dehnung des Oberarm-Kopf-Muskels und der Vorhand nach hinten, um die Vorhand in diese Richtung beweglicher zu machen. Beobachte hier, ob sich die Beweglichkeit des Vorderbeines mit der Zeit verbessert, und vergleiche auch immer wieder beide Seiten miteinander.

Diese Übung wird deinem Pferd helfen, seine Vorhand besser zu bewegen und den Raumgriff zu erweitern. Sie eignet sich hervorragend auch als Übung nach dem Reiten.

Beachte: Dein Pferd sollte hierfür schon gut ausbalanciert einige Zeit auf drei Beinen stehen können.

Für wen ist diese Übung geeignet?
Diese Übung eignet sich sehr gut für Pferde mit Verspannungen im Bereich der Hals- und Schultermuskulatur sowie Pferde, die in der Beweglichkeit der Vorhand eingeschränkt sind.

Für wen ist diese Übung nicht geeignet?
Diese Übung solltest du nicht machen, wenn dein Pferd eine Verletzung oder Probleme im Bereich des Halses oder der Schulter, wie z. B. Arthrose, hat oder hatte. Sprich dazu diese Übung zunächst mit deinem Tierarzt oder Therapeuten ab.

Tipp: Denke daran, diese Übung auf beiden Seiten auszuführen.

9.5 Verbesserung der Beweglichkeit der Schulter

Ausgangsposition: Stelle dich, wie zum Hufe auskratzen, an das Vorderbein deines Pferdes. Hebe das Bein an und umfasse mit der einen Hand den Unterarm oder fasse in die Fesselbeuge deines Pferdes, um den Huf besser zu stabilisieren. Deine andere Hand legst du von außen an das Vorderfuß-Wurzelgelenk.

Durchführung: Drücke nun mit dieser Hand das von dir gehaltene Bein in Richtung des Vorderfuß-Wurzelgelenks des anderen Beines und führe es dann in die Ausgangsposition zurück. Dies kannst du gerne 3–6 Mal wiederholen.

Beachte, dass du das gehaltene Bein dabei nicht zu sehr im Vorderfuß-Wurzelgelenk anbeugst, sondern etwas lockerer und tiefer hältst.

Ziel dieser Übung: Verbesserung der Beweglichkeit der Schulter und der Vorhand. Diese Übung wird deinem Pferd helfen, seine Vorhand besser bewegen zu können und den Raumgriff zu erweitern, auch in den Seitengängen. Sie eignet sich hervorragend auch als Übung nach dem Reiten.

Für wen ist diese Übung geeignet?
Diese Übung eignet sich sehr gut für Pferde mit Verspannungen im Bereich der Schulter- und der Brustmuskulatur sowie Pferde, die in der Beweglichkeit der Vorhand eingeschränkt sind.

Für wen ist diese Übung nicht geeignet?
Diese Übung solltest du nicht machen, wenn dein Pferd eine Verletzung oder Probleme im Bereich der Schulter oder im Verlauf der Vorhand hat oder hatte. Sprich dazu diese Übung zunächst mit deinem Tierarzt oder Therapeuten ab.

Beachte: Dein Pferd sollte hierfür schon gut ausbalanciert einige Zeit auf drei Beinen stehen können.

Eine tragende Rolle

Nicht nur, um uns Reiter zu tragen, brauchen unsere Pferde einen gut trainierten Trageapparat.

10. Der Trageapparat

Wie bereits schon im Kapitel über die Vorhand erwähnt, hat der Rumpf unserer Pferde keine knöcherne Verbindung zum Rest des Körpers. Er ist über den muskulären ***Trageapparat*** wie eine Art Hängematte zwischen den Schulterblättern und den Vorderbeinen aufgehängt.

Dieser Trageapparat besteht aus Muskeln, Sehnen und faszialen Verbindungen der Hals-, Brust- und Bauchmuskulatur. Sie alle fangen den Schub, mit dem der Rumpf bei Bewegung auf die Vorhand stößt, ab. Dieser Trageapparat muss gut trainiert und stabilisiert sein, um den Rumpf und somit den Pferdekörper tragen zu können. Der Trageapparat muss aber auch locker und flexibel genug sein, um als Stoßfeder arbeiten zu können.

Eine verspannte Muskulatur hier wäre dazu nicht in der Lage und die Stöße würden dann direkt auf die Gelenke übertragen. Dies kann über einen längeren Zeitraum einen erheblichen Schaden anrichten.

Tipp: Schmerzen beim Angurten können auf eine verspannte Brustmuskulatur hinweisen.

AUS DER PRAXIS

Da ich in meinem Alltag als Pferdetherapeutin viele Pferde mit Problemen in eben diesem Bereich erlebe, habe ich diesen Teil des Körpers noch einmal gesondert beschrieben. Ich finde auch, dass ihm viel zu wenig Aufmerksamkeit und Beachtung geschenkt wird. Dies möchte ich hiermit ändern.

10.1 Massage der Brustmuskulatur

Die Brustmuskulatur hat eine sehr wichtige Rolle im System des Trageapparates und im Körper unseres Pferdes, denn ohne sie könnten unsere Pferde nicht stehen.

Wie schon erwähnt, haben unsere Pferde keine knöcherne Verbindung zwischen dem Rumpf und der Vorhand, ihnen fehlt somit das Schlüsselbein. Die Rolle des Schlüsselbeins und dessen Funktionen übernimmt weitestgehend die Brustmuskulatur. Durch die damit verbundene hohe Belastung neigt gerade die Brustmuskulatur oftmals zu Verspannungen. Dein Pferd wird sich freuen, wenn du ihm an dieser Stelle etwas Gutes tust.

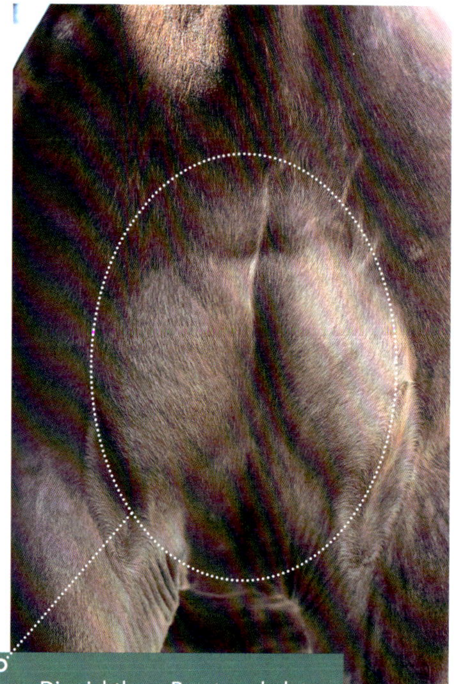

a. Die sichtbare Brustmuskulatur

Durchführung: Stelle dich seitlich neben ein Vorderbein deines Pferdes. Gleite mit deiner Hand sanft am Hals nach unten, bis du auf die Brustmuskulatur gelangst.

Ich finde, sie fühlt sich etwas wie eine Hühnerbrust an ;)

Nun streiche zunächst von oben nach unten bis zwischen die Vorderbeine, um ein Gefühl für die Muskulatur dort zu bekommen. Ziehe deine Hand nun von dort aus mit leichtem Druck zu dir nach oben zurück und lasse sie ohne Druck wieder hinuntergleiten.

Beginne auch hier mit **Druckstärke 1** und arbeite dich langsam bis zu **Stufe 3** hoch. Du kannst hier streichen oder auch an manchen Stellen kreiseln.

Ziel dieser Übung: Entspannung und Lockerung der Brustmuskulatur. Dein Pferd sollte sich hierbei entspannen und die Muskulatur in diesem Bereich lockern, damit du noch ein Stück tiefer in den Muskel kommen kannst. Vergleiche auch gerade diesen Muskel auf beiden Seiten. Ist er auf einer Seite stärker ausgeprägt? Fühlt er sich auf einer Seite fester an oder sind beide Seiten gleich?

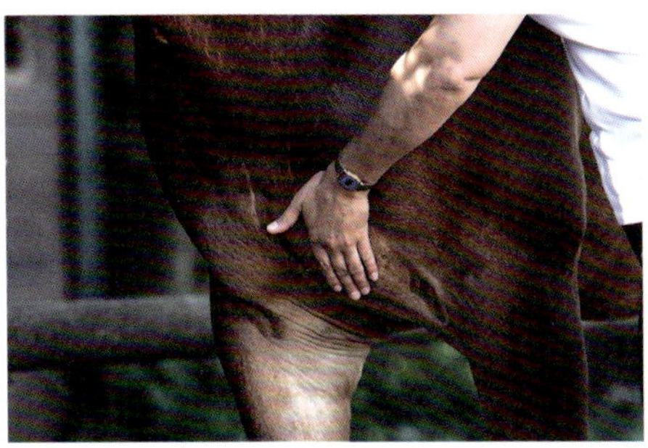

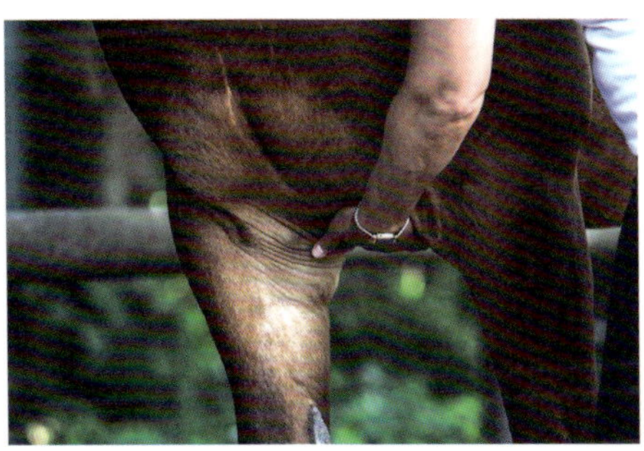

Welcher Druck ist der richtige?

Du kannst in diesem Bereich mit **Stufe 1** starten und dich bis **Stufe 3** vorarbeiten.

Geeignete Techniken sind hier:

Streichen und Kreiseln

Für wen ist diese Übung geeignet

Diese Übung eignet sich sehr gut für Pferde mit Verspannungen in diesem Bereich, Problematiken im Trageapparat und einem verkürzten Raumgriff der Vorhand (besonders in den Seitengängen).

Für wen ist diese Übung nicht geeignet

Diese Übung solltest du nicht machen, wenn dein Pferd Probleme im Bereich der Schulter oder der Vorhand, wie z. B. Arthrose, hat oder hatte. Sprich dazu diese Übung zunächst mit deinem Tierarzt oder Therapeuten ab.

10.2 Dehnung der Schulter- und Brustmuskulatur

Diese Übung findest du auch auf Seite 50 im Kapitel Vorhand.

Durchführung: Schulter- und Brustbereich lassen sich gut über die Vorderbeine dehnen. Lasse gerade, wenn du mit dieser Übung das erste Mal beginnst, dein Pferd von jemand anderem festhalten. Das ist besser, als es anzubinden. Nun hebe ein Vorderbein, wie zum Hufe auskratzen, hoch. Führe das Bein langsam nach vorne in Richtung des Kopfes. Fasse dazu unter das Fesselgelenk und halte das Bein gestreckt nach vorne, am besten nicht höher als deine Kniehöhe, je nachdem wie groß oder klein dein Pferd oder Pony ist.

Es gilt: lieber tiefer als zu hoch!

Gib deinem Pferd auch hier etwas Zeit. Falls es ihm schwerfällt, lockerzulassen, gehe lieber wieder ein paar Zentimeter zurück in eine Position, die ihm leichter fällt, und versuche es von hieraus erneut.

Achte darauf, das Bein nicht zu hoch zu halten.

Ziel dieser Übung: Halte das Bein für etwa 60–90 Sekunden in dieser Position.

Tipp: Wenn du merkst, dass dein Pferd dagegenhält und es ihm schwerfällt, das Bein lockerzulassen, hilft es oft auch, wenn man das Bein vorsichtig schüttelt.

Für wen ist diese Übung geeignet?

Diese Übung eignet sich sehr gut für Pferde mit Verspannungen in diesem Bereich, Problematiken im Trageapparat und einem verkürzten Raumgriff der Vorhand.

Für wen ist diese Übung nicht geeignet?

Diese Übung solltest du nicht machen, wenn dein Pferd eine Verletzung oder Probleme im Bereich der Vorhand, z. B. Arthrose oder Sehnenschäden, hat oder hatte. Sprich dazu diese Übung zunächst mit deinem Tierarzt oder Therapeuten ab.

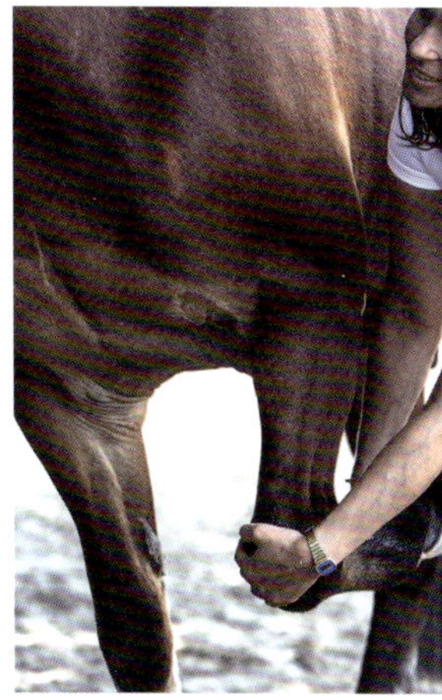

10.3 Dehnung der Brustmuskulatur

Verspannungen in diesem Bereich treten relativ häufig auf. Du merkst es daran, dass die Schritte der Vorhand kürzer und verhalten sind. Auch die Seitengänge dürften deinem Pferd schwerfallen, da sich hierbei die Brustmuskulatur stark dehnen muss. Auch der Gurt nimmt Einfluss auf diese Muskulatur und so neigen gerade Pferde mit Gurtzwang zu Verspannungen und Bewegungseinschränkungen in diesem Bereich. Eine regelmäßige Dehnung in diesem Bereich ist sehr sinnvoll. Diese Übung haben wir auch schon auf Seite 54 im Kapitel Vorhand behandelt.

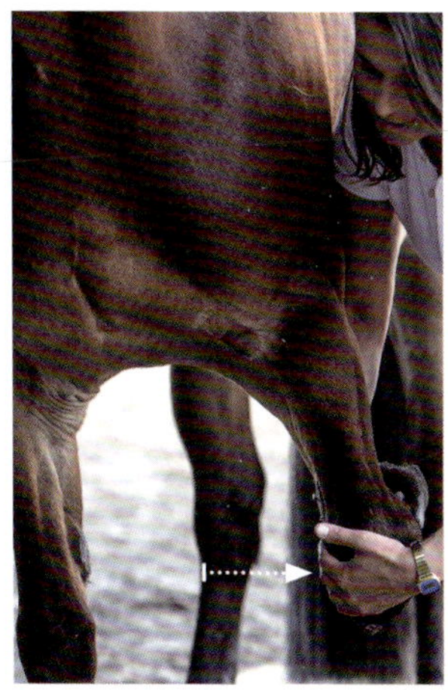

Durchführung: Stelle dich, wie zum Hufe auskratzen, an das Vorderbein deines Pferdes. Hebe das Bein an und umfasse mit der einen Hand den Unterarm deines Pferdes und fasse mit der anderen in die Fesselbeuge, um so den Huf zu stabilisieren. Nun führe das Bein seitlich zu dir hin und bewege es so leicht zur Seite vom Körper weg. Beachte dabei, dass du das Bein nicht zu stark beugst, sondern etwas lockerer und tiefer hälst. Gib deinem Pferd auch hier etwas Zeit. Falls es ihm schwerfällt, lockerzulassen, gehe wieder ein paar Zentimeter zurück und versuche es noch einmal.

Ziel: Halte das Bein für etwa 60–90 Sekunden in dieser Position.

Für wen ist diese Übung geeignet?

Diese Übung eignet sich sehr gut für Pferde mit Verspannungen in diesem Bereich, Problematiken im Trageapparat und einem verkürzten Raumgriff der Vorhand (besonders in den Seitengängen).

Für wen ist diese Übung nicht geeignet?
Diese Übung solltest du nicht machen, wenn dein Pferd eine Verletzung oder Probleme im Bereich der Schulter oder der Vorhand, wie z. B. Arthrose, hat oder hatte. Sprich dazu diese Übung zunächst mit deinem Tierarzt oder Therapeuten ab.

Tipp: Wenn du merkst, dass dein Pferd das Bein festhält und es ihm schwerfällt, lockerzulassen, kannst du mit dem Bein wieder ein Stück zurückgehen. Oft hilft es auch, wenn man das Bein vorsichtig schüttelt.

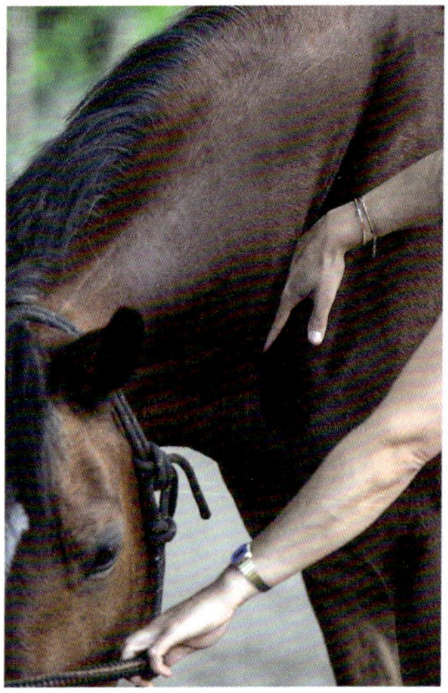

10.4 Dehnung des Rumpfträgers

Dieser Muskel befestigt den Rumpf deines Pferdes an seiner Vorhand und gehört somit zum Trageapparat. Ist dieser Muskel verspannt oder schlecht trainiert, wird es deinem Pferd schwerfallen, sich vorwärts-abwärts zu dehnen bzw. dies während des Reitens zu halten. Deshalb bietet es sich an, diesem Muskel auch etwas Aufmerksamkeit zu widmen.

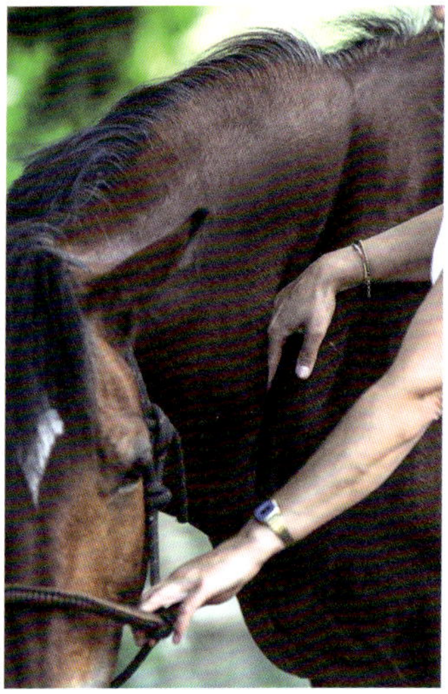

Durchführung: Greife mit deiner einen Hand in das Halfter deines Pferdes und mit der anderen vor die Schulter in die Halsfaszie. Dieser Griff ist am Anfang etwas gewöhnungsbedürftig, wird deinem Pferd aber guttun. Jetzt strecke den Kopf und Hals deines Pferdes nach vorne unten und versuche mit deiner flachen Hand unter bzw. hinter das Schulterblatt zu gleiten.

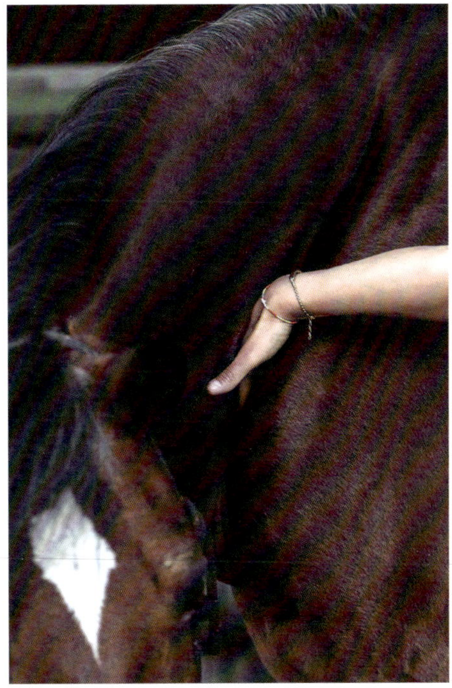

Gib deinem Pferd etwas Zeit. Falls es ihm schwerfällt, lockerzulassen, gehe wieder einige Zentimeter zurück oder mache eine kurze Pause und versuche es noch einmal von vorne.

Ziel dieser Übung: Halte den Kopf und Hals für etwa 60 Sekunden in dieser Stellung.

Für wen ist diese Übung geeignet?
Diese Übung eignet sich sehr gut für Pferde mit Verspannungen in diesem Bereich, Problematiken im Trageapparat und einem verkürzten Raumgriff der Vorhand. Auch Pferde, die Schwierigkeiten haben, sich zu stellen und zu biegen, profitieren von dieser Übung.

Für wen ist diese Übung nicht geeignet?
Diese Übung solltest du nicht machen, wenn dein Pferd eine Verletzung oder Probleme im Bereich der Vorhand oder der unteren Halswirbelsäule, wie z. B. Arthrose, hat oder hatte. Sprich dazu diese Übung zunächst mit deinem Tierarzt oder Therapeuten ab.

Diese Massageübung baue ich häufig mit ein, da Star zu Problemen im Trageapparat neigt.

Das Kreuz mit dem Kreuz

11. Der Pferderücken

Eines der häufigsten Probleme, das ich in meinem Alltag als Therapeutin sehe, sind Rückenschmerzen bei Pferden. Es ist schon fast wie bei uns Menschen eine Volkskrankheit geworden.

a. Die Oberlinie

Da der Pferderücken eigentlich nicht fürs Reiten gemacht ist, ist es an uns, ihn zu stärken und zu stabilisieren. Denn nur, wenn unser Pferd einen gesunden Rücken hat, kann es seiner Rolle als Reitpferd gerecht werden.

Die Wirbelsäule geht vom Genick über die Hals- und Brustwirbelsäule, die Lendenwirbelsäule bis zum Kreuzbein und den Schweifwirbeln. Das hört sich nicht nur sehr lang an, sondern ist es auch. Die Wirbelsäule schützt als knöcherner „Mantel" das empfindliche Rückenmark des Pferdes und überträgt die Bewegung durch den Pferdekörper. An ihr „hängen" die anderen Knochen des Skeletts.

Von außen sollte die Wirbelsäule nicht zu sehen sein, denn dies wäre ein Zeichen dafür, dass dein Pferd viel zu dünn ist oder die Muskulatur im Bereich des Rückens ein Problem hat oder schlecht trainiert ist. Auch sollten keine „Löcher" oder „Kuhlen" am Widerrist oder im Verlauf der Rückenmuskulatur zu sehen sein. Dies wäre wiederum ein Zeichen für eine Problematik in diesem Bereich und wird oft auch durch einen schlecht angepassten bzw. nicht passenden Sattel verursacht. Ziehe in diesem Fall deinen Tierarzt oder deinen Therapeuten zurate.

Die Wirbelsäule ist zusammen mit dem langen Rückenmuskel wie eine Brücke. Sie hängt quasi zwischen den Schulterblättern und der Hinterhand. Der Pferderücken überträgt die Bewegung der Hinterhand bis zur Vorhand.

Dein Pferd sollte hier also stabil und gut bemuskelt sein, dabei aber trotzdem beweglich bleiben. Damit das Pferd unser Gewicht und auch sein eigenes tragen kann, muss das Pferd lernen, den Rücken aufzuwölben.

Hierzu muss der lange Rückenmuskel von der Hinterhand aus anfangen zu arbeiten. Bei einem aufgewölbten Rücken kann auch das Nackenband helfen und passiv einen großen Teil des Tragens übernehmen.

Wenn man über den Pferderücken spricht, kommt man direkt auch immer auf das Thema Sattel. Denn bei etwa 65 % der Rückenbeschwerden bzw. Verspannungen im Rückenbereich ist ein schlecht sitzender Sattel die Ursache.

Sättel sollten regelmäßig, mindestens ein- bis zweimal im Jahr kontrolliert werden!

Bei jungen, noch in der Entwicklung stehenden Pferden oder Pferden, die z. B. nach einer Verletzung wieder auftrainiert werden, sollte dies sogar noch etwas häufiger geschehen, da sie sich durch (Muskel-)Wachstum und Gewichtsveränderungen noch sehr und manchmal relativ schnell verändern.

Aber auch bei allen anderen Pferden ist es sinnvoll, ein Auge auf die Passform zu haben. Bei einem unpassenden Sattel ist das nächste Problem, einen guten Sattler zu finden, dem man vertrauen kann und der einem nicht gleich einen neuen Sattel aufschwatzt, sondern sich den aktuellen Sattel erst einmal anschaut.

Hört auf euer Bauchgefühl! Wenn der Sattler zum Beispiel sagt, der Sattel passe gut, du aber das Gefühl hast, dem sei nicht so, hole dir dann lieber noch eine zweite Meinung ein.

Frage deine Trainer, Therapeuten oder Tierärzte um Rat. Sie kennen dich und dein Pferd. Wenn du einen guten Sattler hast, dann halte ihn fest und pflege ihn, sie sind schwer zu finden.

Beim Pferderücken gilt: je schneller du erkennst, dass dein Pferd Probleme in diesem Bereich hat oder sich welche anbahnen, desto besser.

Betrachte gerade den Rücken deines Pferdes sehr kritisch und in regelmäßigen Abständen. Ich habe dir hier auch noch eine kleine **Rücken-Checkliste** (S.79) mit eingefügt, die dir einen kleinen roten Faden für die Beurteilung zu Hause geben soll.

Star und ich haben lange nach einem passenden Sattel und Sattler gesucht.

Der Sattel sollte Pferd und Reiter passen.

Lasse hin und wieder auch deinen Tierarzt draufschauen, wenn er z. B. sowieso zum Impfen im Stall ist. Auch dein Therapeut sollte dir da helfen und Klartext sprechen, damit ihr wisst, wo ihr steht. Schönreden hilft weder dir noch deinem Pferd.

Aus der Praxis

Ich wohne im schönen Hamburg, bin in der Nähe von Kiel geboren und aufgewachsen, also Norddeutsche und ein „Fischkopp“ durch und durch. Wir reden nicht viel und schon gar nicht um den heißen Brei herum. So handhabe ich es auch bei meinen Patienten, was allerdings so manchen Pferdebesitzer in Tränen ausbrechen lässt. Denn wenn der Rücken schlecht bzw. katastrophal aussieht, dann sage ich es auch genauso.

Es hilft niemandem, das Problem schönzureden. Da können nur viele zunächst nicht mit umgehen. Wie oft fahre ich nach einer Behandlung vom Hof und denke: „Die ruft dich nie wieder an!“ Aber bis jetzt ist immer das Gegenteil eingetreten. Die Menschen sind dankbar, dass sie wissen, woran sie sind. Nach der Diagnose bekommen sie von mir auch noch einen Plan mit einigen Übungen und Problemlösungen an die Hand und nach einiger Zeit und Therapie tritt bei den Pferden auch eine Besserung ein.

11.1 Massage des Trapezmuskels

Dies ist ein Muskel, der bei vielen Pferden oft auffällig und/oder schlecht entwickelt ist. Eine Verspannung oder Verhärtung in diesem Bereich schränkt die Bewegung der Vorhand, des Widerrists und des Rückens ein.

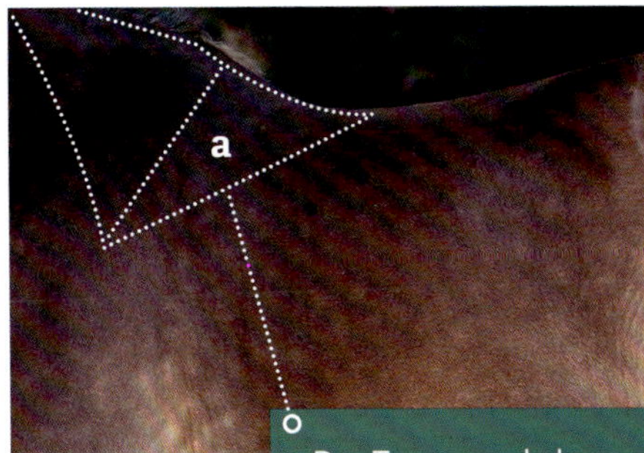

Der Trapezmuskel
a. Der zu massierende Bereich

Ein schlecht sitzender Sattel mit zu enger Kammer verursacht hier gerne Verspannungen, aber auch körperliche Probleme, wie z. B. in der unteren Halswirbelsäule, können Auslöser hierfür sein.

Durchführung: Lege deine Hand sanft auf das Dreieck seitlich des Widerrists deines Pferdes. Nun streiche mit leichtem Druck (**Stufe 1**) von oben nach unten oder von unten nach oben. Starte sanft und erhöhe den Druck nur leicht pro Massagestrich. Du kannst auch vom Schulterblatt Richtung Rücken streichen oder kreiseln.

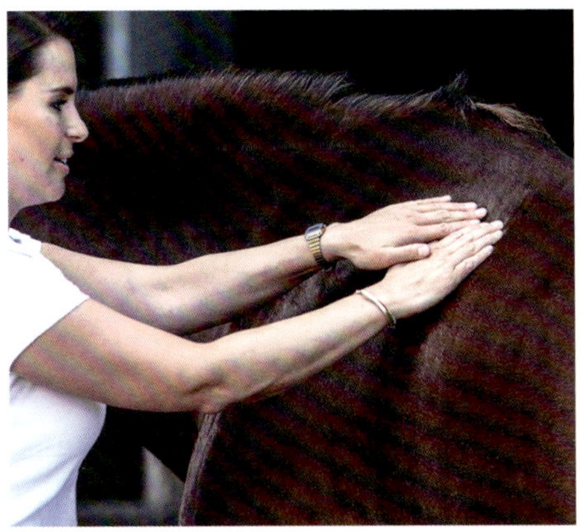

Probiere aus, was deinem Pferd gefällt. Jedes Pferd reagiert anders, deshalb biete es deinem Pferd erst einmal an und schaue, wie es reagiert. Manche Pferde sind auch gerade im Bereich des Widerrists empfindlich bzw. haben Schmerzen (Sattelproblematik?!), ziehe gegebenenfalls einen Therapeuten zu Hilfe, falls sich dein Pferd hier sehr schmerzempfindlich äußert.

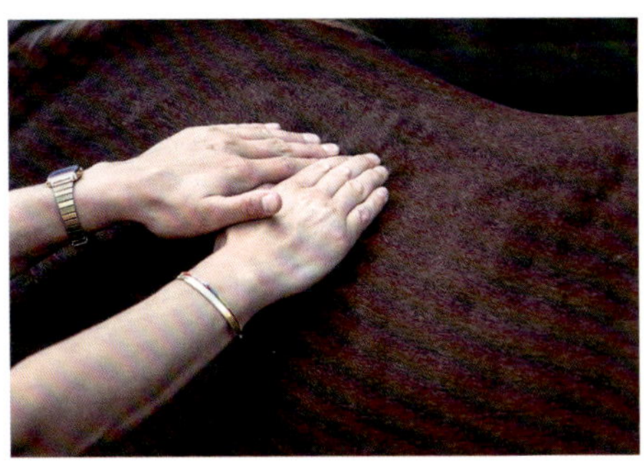

Gerade in diesem Bereich neigen viele Pferde zu Verspannungen.

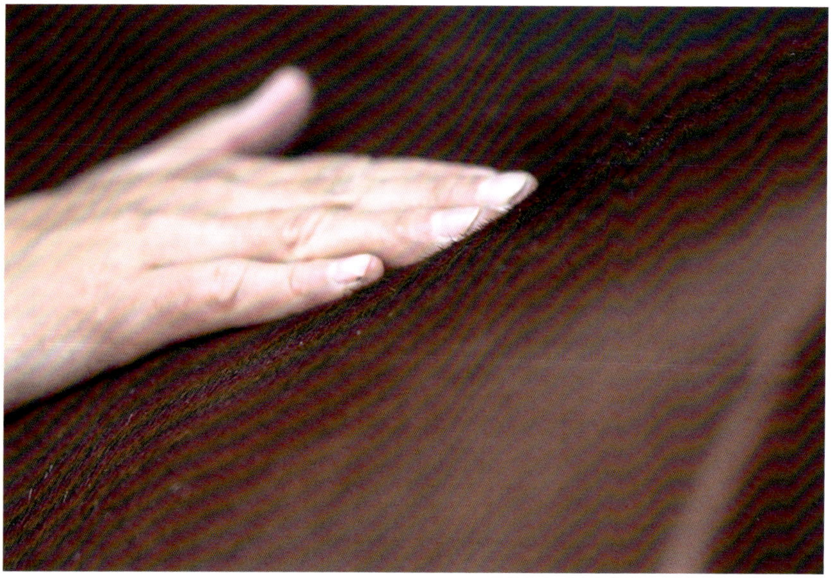

Geeignete Techniken:
Streichen und Kreiseln

Beginne mit **Druckstärke 1** und steigere dich langsam bis zu **Stärke 3.**

Ziel dieser Übung: Dein Pferd sollte sich während der Massage entspannen. Beachte bitte, dass Schmerzen in diesem Bereich oft auf eine Problematik mit dem Sattel hindeuten.

Für wen ist diese Übung geeignet?
Diese Übung eignet sich sehr gut für Pferde mit Verspannungen in diesem Bereich, Problematiken im Bereich der Sattellage und eingeschränkter Bewegung der Vorhand. Aber auch so wird dies deinem Pferd sehr guttun.

Für wen ist diese Übung nicht geeignet?
Diese Übung solltest du nicht machen, wenn dein Pferd eine Verletzung oder Probleme im Bereich des Widerrists hat oder hatte. Auch wenn dein Pferd hier starke Schmerzen zeigt, solltest du diese Übung zunächst mit deinem Tierarzt oder Therapeuten absprechen.

11.2 Massage der Rückenmuskulatur/Längsstreichung

Durchführung: Lege deine Hand sanft seitlich neben den Widerrist deines Pferdes. Nun streiche mit leichtem Druck von hier aus nach hinten, etwa eine Handbreit unterhalb der Wirbelsäule/Dornfortsätze und ende ungefähr dort, wo die Schabracke aufhört, und lasse den Strich nach hinten auslaufen.

Starte sanft und erhöhe den Druck nur leicht pro Massagestrich. Probiere aus, was deinem Pferd gefällt. Jedes Pferd reagiert anders, deshalb biete es deinem Pferd erst einmal an und schaue, wie es reagiert. Manche Pferde sind auch gerade im Bereich des Rückens empfindlich bzw. haben Schmerzen. Ziehe hier gegebenenfalls einen Therapeuten zu Hilfe, falls dein Pferd hier starke Schmerzen äußert.

Technik:
Streichen und Kreiseln

Druckstärke:
Beginne mit **Druckstärke 1** und steigere dich bis zu **Stärke 3**.

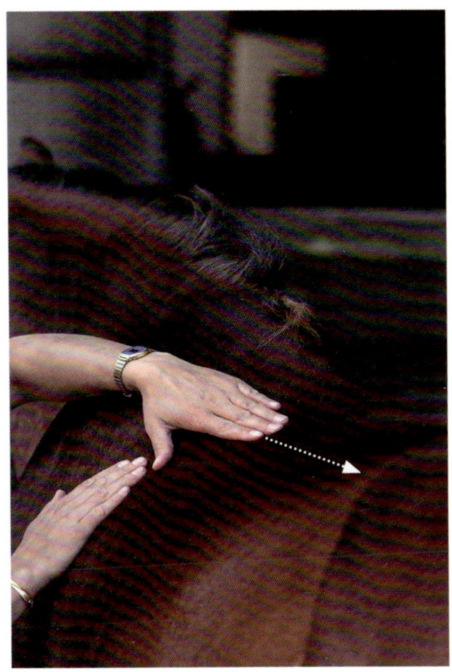

Sei schön vorsichtig und gehe sanft vor, viele Pferde haben Schmerzen in diesem Bereich.

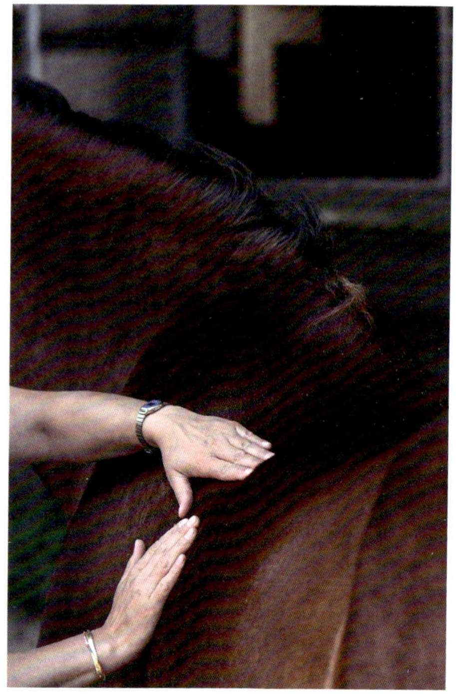

- An welchen Stellen ist die Muskulatur fester?
- An welcher Stelle reagiert dein Pferd vielleicht schmerzempfindlich?
- Auf welcher Seite ist der Muskel weicher und auf welcher fester?

Am besten notierst du dir diese Beobachtungen und besprichst sie beim nächsten Termin mit deinem Therapeuten.

Ziel dieser Übung: Entspannung der Rückenmuskulatur

Geeignete Techniken:
Streichen und Kreiseln

Für wen ist diese Übung geeignet?
Diese Übung eignet sich sehr gut für Pferde mit Verspannungen in diesem Bereich und Problematiken im Bereich der Sattellage. Aber auch den meisten anderen Pferden wird diese Übung sehr guttun.

Für wen ist diese Übung nicht geeignet?
Diese Übung solltest du nicht machen, wenn dein Pferd eine Verletzung oder Probleme im Bereich des Rückens oder der Wirbelsäule hat oder hatte. Auch wenn dein Pferd hier stark schmerzempfindlich ist, solltest du diese Übung zunächst mit deinem Tierarzt oder Therapeuten absprechen.

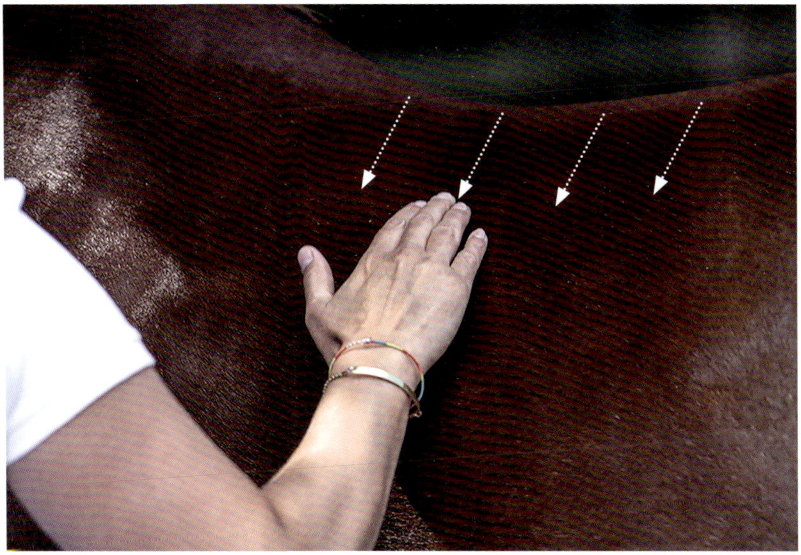

11.3 Massage der Rückenmuskulatur/ Querstreichung

Durchführung: Lege deine Hand sanft seitlich neben den Widerrist deines Pferdes. Nun streiche mit leichtem Druck von hier aus nach unten. Beginne etwa eine Handbreit unterhalb der Wirbelsäule bzw. der Dornfortsätze und lasse deinen Strich nach unten weich auslaufen – der Druck soll von oben nach unten abnehmen, also immer geringer werden.

Du kannst die Striche so dicht oder weit auseinander machen, wie du es möchtest bzw. wie es deinem Pferd am besten gefällt. Ende im hinteren Bereich ungefähr dort, wo die Schabracke aufhört.

Starte sanft und erhöhe den Druck nur leicht pro Massagestrich. Jedes Pferd reagiert anders, deshalb biete es deinem Pferd erst einmal an und schaue, wie es reagiert. Manche Pferde sind auch gerade im Bereich des Rückens empfindlich bzw. haben Schmerzen (Sattelproblematik?!). Ziehe hier gegebenenfalls einen Therapeuten zurate, falls dein Pferd in diesem Bereich sehr schmerzempfindlich reagiert.

Beachte: Gerade bei dieser Übung kann sich die Reaktion deines Pferdes sehr schnell ändern, besonders, wenn du am Bauch etwas weiter nach unten oder in Richtung Hinterhand gehst. Sei bitte sehr vorsichtig.

Lächle und genieße die Zeit mit deinem Pferd.

Geeignete Technik:
Streichen

Druckstärke:
Beginne mit **Druckstärke 1** und steigere dich bis zu **Stärke 3**.

Für wen ist diese Übung geeignet?
Diese Übung eignet sich sehr gut für Pferde mit Verspannungen in diesem Bereich oder Problematiken im Bereich der Sattellage. Aber auch zur reinen Entspannung wird diese Übung deinem Pferd sehr guttun.

Für wen ist diese Übung nicht geeignet?
Diese Übung solltest du nicht machen, wenn dein Pferd eine Verletzung oder Probleme im Bereich des Rückens oder der Wirbelsäule, wie z. B. Arthrose oder Kissing Spines, hat oder hatte. Auch wenn dein Pferd hier stark schmerzempfindlich reagiert, solltest du diese Übung zunächst mit deinem Tierarzt oder Therapeuten absprechen.

11.4 Anheben und Öffnen des Rückens

Hebt dein Pferd seinen Widerrist an, öffnen sich die Dornfortsätze des Widerrists und gehen so weiter auseinander. Nur wenn dein Pferd seinen Widerrist anheben kann, ist es in der Lage, auf korrekte Weise vorwärts-abwärts zu gehen und sich später eine ehrliche Aufrichtung zu erarbeiten.

Durch diese Übung kannst du prüfen, wie gut dein Pferd seinen Rücken aufwölben kann, und zudem gleichzeitig die Beweglichkeit der Wirbelsäule damit verbessern.

Durchführung: Stelle dich auf Schulterhöhe deines Pferdes auf. Nun legst du beide Hände unter den Bauch des Pferdes, ungefähr dort, wo die Gurtlage verläuft. Streiche zunächst diesen Bereich mit den flachen Händen etwas aus und schaue, wie dein Pferd darauf reagiert.

Wenn dein Pferd es toleriert oder sogar genießt, erhöhst du den Druck so, als wenn du dein Pferd leicht nach oben anheben möchtest. Steigere dies langsam und vorsichtig. Das wiederholst du ein paar Mal und schaust, ob sich der Widerrist etwas nach oben anhebt.

Beachte: Gerade bei dieser Übung kann sich die Reaktion deines Pferdes sehr schnell ändern, besonders, wenn du mit deinen Händen Richtung Hinterhand gehst. Sei bitte sehr vorsichtig.

Ziel dieser Übung: Dein Pferd sollte hierbei seinen Rücken im Bereich des Widerrists locker und gleichmäßig etwas nach oben aufwölben.

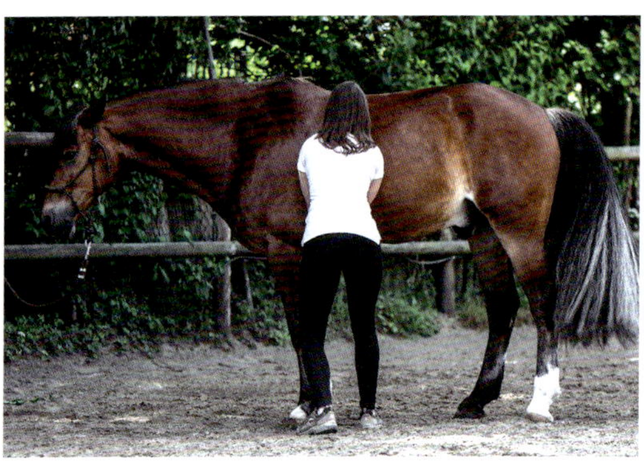

Für wen ist diese Übung geeignet?
Diese Übung eignet sich sehr gut für Pferde mit Verspannungen in diesem Bereich, Problematiken im Bereich der Sattellage oder des Rückens. Aber auch so wird dies deinem Pferd sehr guttun.

Für wen ist diese Übung nicht geeignet?
Diese Übung solltest du nicht machen, wenn dein Pferd eine Verletzung oder Probleme im Bereich des Widerrists hat oder hatte. Auch wenn dein Pferd hier sehr schmerzempfindlich ist, solltest du diese Übung zunächst mit deinem Tierarzt oder Therapeuten absprechen.

Tipp: Beobachte hierbei die Atmung deines Pferdes und versuche, das Anheben immer während der Ausatmung zu machen und beim Einatmen wieder zu lösen.

Nicht gerade Stars Lieblingsübung.

11.5 Rückwärtsrichten mit Kopf tief

Bringe deinem Pferd bei, auf Kommando ein paar Schritte locker rückwärtszugehen. Dies lockert den Rücken und das Becken deines Pferdes, als Steigerung mit gesenktem Kopf, um den Rücken beim Rückwärtsgehen noch etwas mehr aufzuwölben. Wenn dein Pferd diese Übungen gut macht und du einen kleinen Hang oder Hügel in der Nähe hast, kannst du auch versuchen, dein Pferd dort ein paar Tritte rückwärts hochgehen zu lassen.

Dies ist nicht nur eine Herausforderung für die koordinativen Fähigkeiten deines Pferdes, sondern animiert es auch, seinen Körper noch bewusster und anders wahrzunehmen und einzusetzen.

Ziel dieser Übung: Dein Pferd sollte hierbei locker und gleichmäßig zurücktreten und hierbei seinen Rücken leicht nach oben öffnen.

Für wen ist diese Übung geeignet?
Diese Übung eignet sich sehr gut für Pferde mit Verspannungen und Problematiken im Bereich des Rückens.

Für wen ist diese Übung nicht geeignet?
Diese Übung solltest du nicht machen, wenn dein Pferd eine Verletzung oder Probleme im Bereich des Rückens und/oder der Wirbelsäule hat oder hatte. Sprich in diesem Fall diese Übung zunächst mit deinem Tierarzt oder Therapeuten ab.

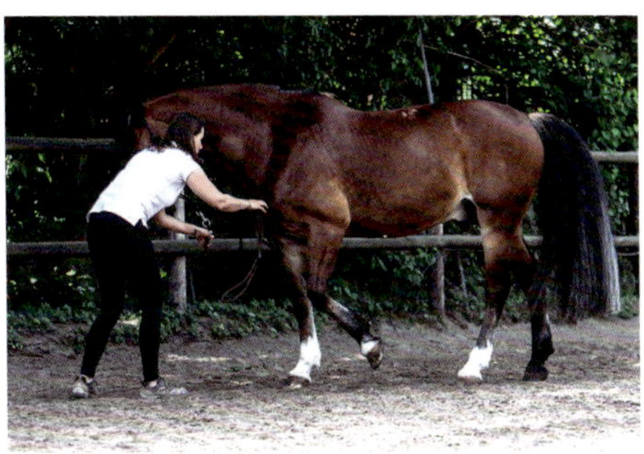

Eine Übung, die man seinem Pferd sehr gut beibringen kann, um sie immer mal wieder zwischendurch beim Führen einzubauen.

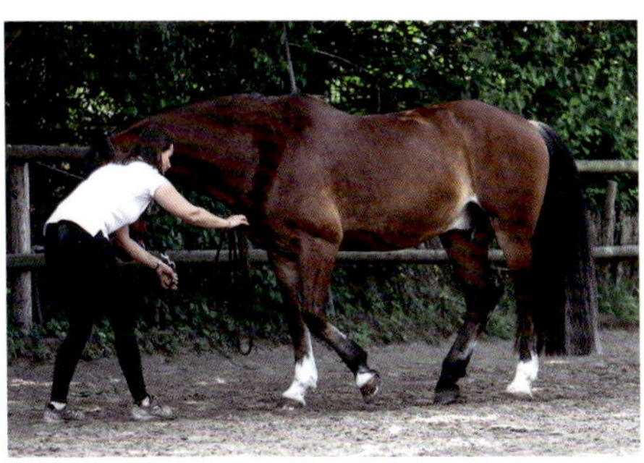

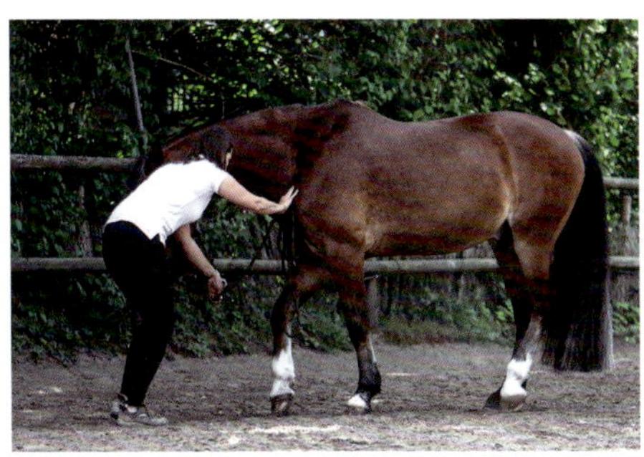

11.6 Schaukeln

Durchführung: Stelle dich seitlich neben dein Pferd und streichele sanft über den Widerrist. Nun lege beide Hände auf den Widerrist und umfasse ihn. Nun ziehe den Widerrist langsam ein kleines Stück in deine Richtung und führe ihn wieder zurück. Starte mit sehr kleinen und sanften Bewegungen, damit sich dein Pferd erst einmal daran gewöhnen kann. Dein Pferd sollte ruhig und locker dabei stehenbleiben und die Bewegung zulassen. Mache die Übung erst von der einen Seite und wechsle dann auf die andere Seite. Wenn die Übung gut klappt, kannst du als Steigerung dein Pferd sanft über den Widerrist hin- und herschaukeln.

Ziel dieser Übung: Dein Pferd sollte sich locker und geschmeidig von dir hin- und herschaukeln lassen.

Für wen ist diese Übung geeignet?
Diese Übung eignet sich sehr gut für Pferde mit Verspannungen und Problematiken im Bereich des Rückens.

Für wen ist diese Übung nicht geeignet?
Diese Übung solltest du nicht machen, wenn dein Pferd eine Verletzung oder Probleme im Bereich der Wirbelsäule oder des Widerrists hat oder hatte. Sprich in diesem Fall diese Übung zunächst mit deinem Tierarzt oder Therapeuten ab.

Tipp: Diese Übung eignet sich auch hervorragend, um sie auf den Balance-Boards zu machen.

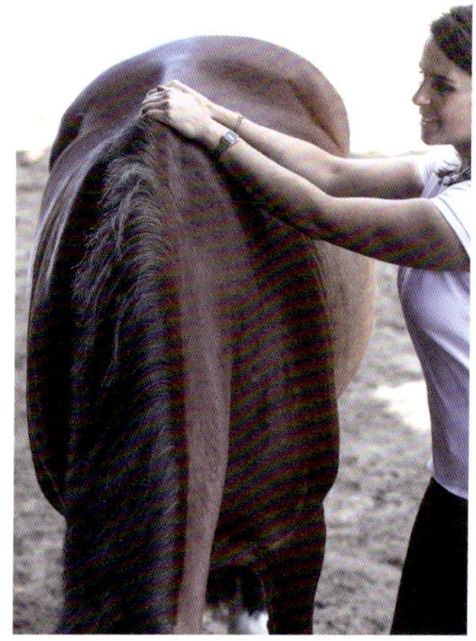

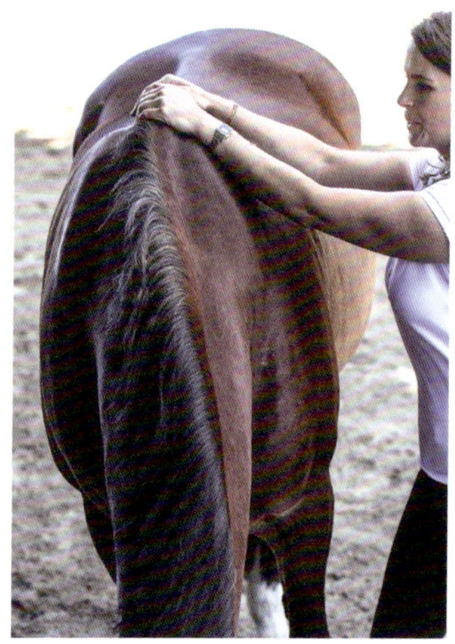

Star kann man damit fast in den Schlaf wiegen.

CHECKLISTE

Ein kleiner Pferderücken-Check für zu Hause

Viele unserer Pferde, egal ob sie regelmäßig geritten werden oder nicht, leiden unter Rückenschmerzen. Gehört dein Pferd auch dazu? Oder ist der Rücken deines Pferdes schmerzfrei? Mit dieser kleinen Checkliste möchte ich es dir ermöglichen, zu Hause einen ersten kleinen Schnelltest durchzuführen.

STEP 1

Stelle dich seitlich neben dein Pferd und lege die eine Hand auf den Widerrist. Mit der anderen streichst du vom Widerrist ausgehend mit deinen Fingerspitzen über die Wirbelsäule. Versuche dabei Wirbel für Wirbel bzw. jeden einzelnen Dornfortsatz zu erspüren. Streiche insgesamt dreimal und starte mit **Druckstärke 1** und erhöhe jedes Mal den Druck um eine Stufe, sodass du maximal **bei Stufe 3** bist.

Wenn dein Pferd hier an einer Stelle Schmerzen oder Auffälligkeiten äußert, indem es den Rücken wegdrückt, die Ohren anlegt oder ein anderes Verhalten zeigt, das deutlich macht, dass ihm diese Übung unangenehm ist, solltest du einen Termin bei deinem Therapeuten machen, um dies abzuklären. Ich würde dann auch STEP 2 und STEP 3 weglassen.

STEP 2

Behalte dieselbe Ausgangstellung wie bei STEP 1. Lasse deine Finger nun nicht mehr auf der Wirbelsäule entlanggleiten, sondern gut 3–5 cm darunter auf der Muskulatur. Starte auch wieder mit **Druckstärke 1** in der Nähe des Widerrists und streiche den Muskel entlang. Führe diese Übung auch dreimal durch und steigere dich hier auch bis **Stärke 3**. Bitte sei aber besonders im Bereich der Lende und der Sattellage vorsichtig. Viele Pferde haben gerade in diesem Bereich Schmerzen.

STEP 3

Wie STEP 2, nur dass du nun noch einmal gute 5 cm weiter nach unten Richtung Bauch gehst und dort mit den Fingerspitzen entlangfährst. Verfahre auch bei den Druckstärken wie bei STEP 2 und beobachte die Reaktionen deines Pferdes.

! Dies ist nur ein kleiner Check für zu Hause, kann dir aber schon mal einen ersten Eindruck über die Verfassung des Rückens geben. Äußert dein Pferd an einer oder mehreren Stellen Schmerzen, indem es z. B. den Rücken wegdrückt, die Ohren anlegt oder sich wehrt, solltest du dies mit deinem Therapeuten abklären. Dein Pferd steht während allen 3 Steps entspannt da? Herzlichen Glückwunsch, so wie es aussieht, ist der Rücken in Ordnung. Nichtsdestotrotz solltest du dein Pferd mindestens zwei- bis dreimal im Jahr von einem ausgebildeten Therapeuten durchchecken lassen.

Mehr als ein Bauchgefühl

12. Die Bauchmuskulatur

Die Bauchmuskulatur ist der Gegenspieler zur Rückenmuskulatur. Sie stützt und hebt den Rücken an. Somit ist sie für den Pferderücken ebenso wichtig wie die Rückenmuskulatur selbst. Die Bauchmuskulatur besteht aus verschiedenen Muskelverläufen, einige verlaufen quer, andere längs. Sie tragen das Knochengerüst mit und sorgen dafür, dass sich der Pferderücken aufwölben und die Hinterhand unter den Schwerpunkt treten kann.

Die Bauchmuskulatur ist aber nicht nur ein wichtiger Gegenspieler für den Rücken, sie hat auch andere wichtige Funktionen. So hilft sie auch beim Ausatmen. Damit wird die Bauchmuskulatur bei Atemwegserkrankungen besonders beansprucht. Zudem ist sie wichtig, um den Geburtsvorgang und den Kotabsatz zu unterstützen. Weiterhin hat die Bauchmuskulatur eine wichtige Funktion als Träger der Organe.

Tipp: Viele Pferde sind in der Sattelgurtlage sehr empfindlich. Oft interpretiert man das eher als eine Unart, „das Pferd ist kitzelig", aber Achtung: Dieses Verhalten kann auch auf eine starke Verspannung der Muskulatur in diesem Bereich hinweisen. Eine solche Verspannung entsteht oft durch einen ungeeigneten, schlecht sitzenden Sattelgurt oder auch durch zu straffes Angurten.

Die Bauchmuskulatur übernimmt viele Aufgaben, daher sollte man ihre Bedeutung nicht unterschätzen.

12.1 Massage und Lockerung der Gurtlage

Gerade die Gurtlage ist oft sensibel bis schmerzhaft, da viele Pferde schon schlechte Erfahrungen durch zu engen oder schlecht sitzenden Gurten gemacht haben.

Durchführung: Stelle dich seitlich neben dein Pferd, wie beim Satteln bzw. Gurten. Streiche nun sanft die Gurtlage am Bauch entlang nach unten aus. Beginne etwas weiter oben und achte wie immer auf die Reaktion deines Pferdes. Beginne mit deiner Hand eher flächig statt punktuell.

Anschließend kannst du dich weiter nach unten die Gurtlage entlang um den Bauch arbeiten, immer langsam, sanft und vorsichtig, bis sich die gesamte Gurtlage gelöst hat. Viele Pferde entspannen sich nach einiger Zeit und genießen es sehr.

Was du spüren wirst, ist meist eine sehr straffe Muskulatur mit gut verschiebbarer Haut darüber. Sollte sie nicht gut verschiebbar sein, weise bitte deinen Therapeuten darauf hin. An dieser Stelle könnten sich vielleicht ein paar Verklebungen befinden.

Gerade im Bereich der Gurtlage neigen viele Pferde zu Verspannungen.

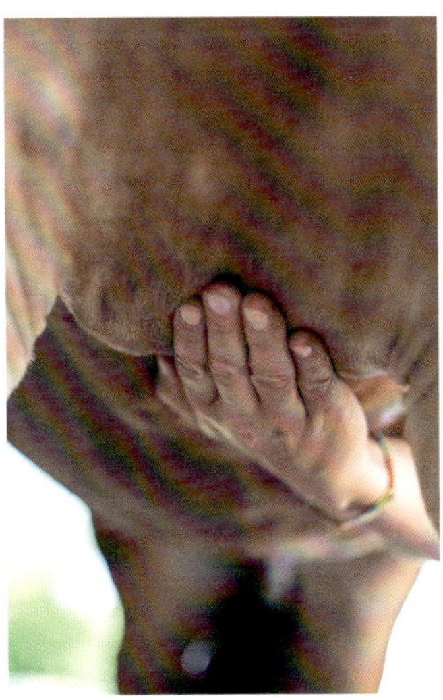

Beachte: Gerade bei dieser Übung kann sich die Reaktion deines Pferdes sehr schnell ändern, besonders, wenn du etwas weiter nach unten gehst. Sei bitte sehr vorsichtig.

Ziel dieser Übung: Entspannung der Muskulatur im Bereich der Gurtlage. Dein Pferd sollte sich während dieser Übung entspannen und vielleicht auch etwas den Kopf dabei senken.

Für wen ist diese Übung nicht geeignet?

Diese Übung solltest du nicht machen, wenn dein Pferd eine Verletzung oder Probleme im Bereich der Gurtlage hat oder hatte. Sprich dazu diese Übung mit deinem Tierarzt oder Therapeuten ab.

12.2 Massage der Bauchmuskulatur

Durchführung: Stelle dich neben dein Pferd und streiche sanft die Gurtlage nach unten, genau wie bei der vorherigen Übung. Nun verharrst du unter dem Bauch und streichst von der Gurtlage aus nach hinten den Bauch entlang. Arbeite dich langsam, sanft und flächig voran. Starte immer im vorderen Bereich, streiche nicht gleich allzu weit nach hinten und achte auf die Reaktion deines Pferdes, besonders auch auf die Hinterhand.

Wenn es dein Pferd erlaubt und genießt, dann kannst du erst mit einer Hand, später dann auch mit beiden Händen den Bauch von der Gurtlage nach hinten ausstreichen. Dies wird dein Pferd sehr entspannen, die Verdauung und auch die Atmung werden positiv beeinflusst.

Was du spüren wirst, ist eine sehr straffe und feste Muskulatur. Das ergibt einen Sinn, denn die Bauchmuskulatur trägt dazu bei, sämtliche inneren Organe und Strukturen zu tragen.

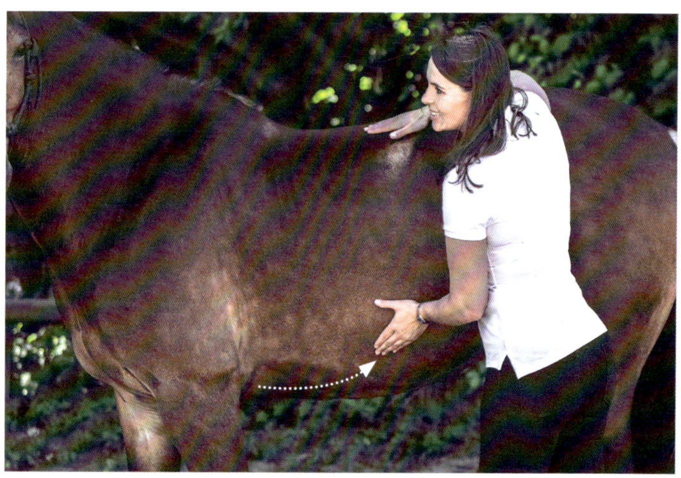

Beachte: Gerade bei dieser Übung kann sich die Reaktion deines Pferdes sehr schnell ändern, besonders, wenn du etwas weiter nach unten gehst. Sei bitte sehr vorsichtig.

Ziel dieser Übung: Entspannung der Muskulatur im Bereich der Gurtlage. Dein Pferd sollte sich während dieser Übung entspannen, dabei vielleicht auch etwas den Kopf senken und ruhiger atmen.

Für wen ist diese Übung nicht geeignet?
Diese Übung solltest du nicht machen, wenn dein Pferd eine Verletzung oder Probleme in Bereich des Bauches hat oder hatte. Sprich dazu diese Übung mit deinem Tierarzt oder Therapeuten ab.

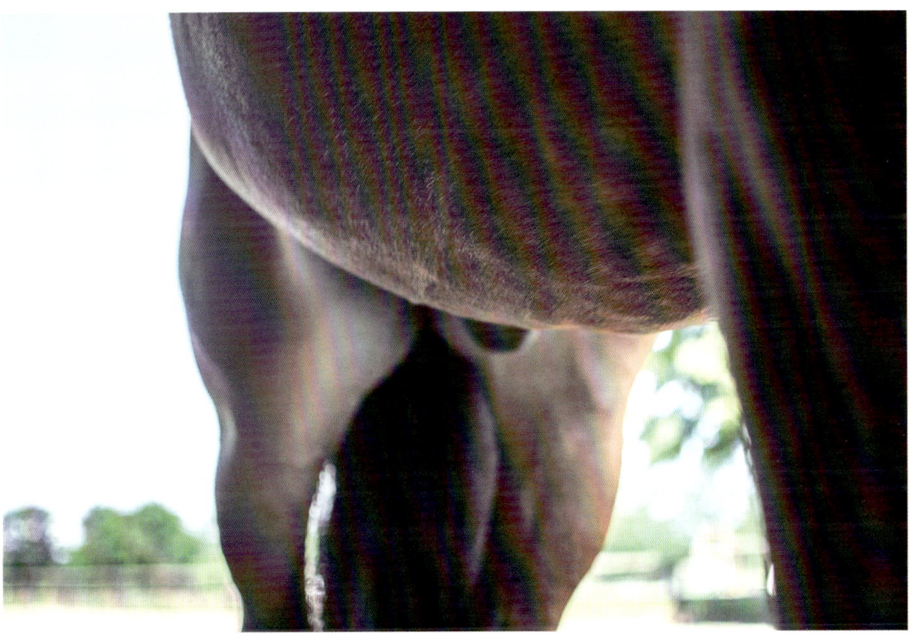

Der Schub kommt von hinten

13. Die Hinterhand

„Hinten sitzt der Motor des Pferdes!" Haben wir alle schon oft gehört, nur leider hat niemand es unseren Pferden weitergesagt.

Dieser „Motor" – gemeint ist natürlich die Hinterhand, setzt sich aus dem Becken, der Kruppe, den Hinterbeinen und dem Schweif zusammen.

Die meisten Pferde sind „von Hause aus" nicht allzu aktiv in der Hinterhand. Wenn dann noch Verspannungen und Bewegungseinschränkungen hinzukommen, wird es schwierig für den Pferdekörper. Denn nur, wenn Pferde mit der Hinterhand aktiv und raumgreifend unter den Schwerpunkt treten, kann die Kruppenmuskulatur von hinten am langen Rückenmuskel ziehen und so helfen, den Rücken anzuheben.

Dieser Mechanismus entlastet die Vorhand und schützt den Rücken, setzt aber, wie schon erwähnt, erst ein, wenn dein Pferd mit seiner Hinterhand aktiv und weit genug unter den Schwerpunkt tritt. Gerade dafür braucht dein Pferd zum einen natürlich Kraft in seiner Hinterhand, zum anderen aber auch Beweglichkeit.

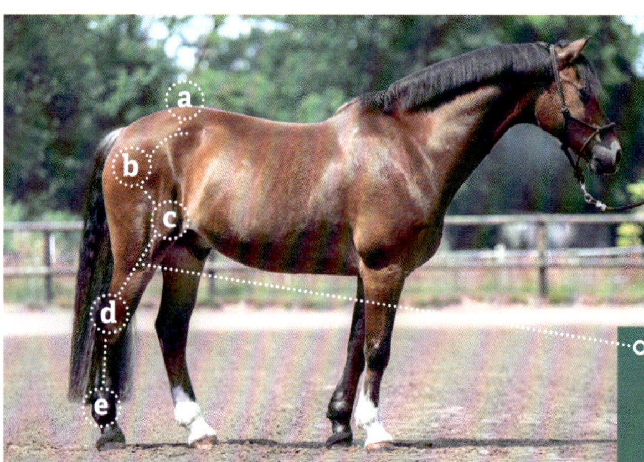

a. Das Iliosakralgelenk
b. Das Hüftgelenk
c. Das Kniegelenk
d. Das Sprunggelenk
e. Das Fesselgelenk

So müssen der hintere Rücken locker und das Becken sowie die Hinterbeine frei beweglich sein.

AUS DER PRAXIS

Es ist völlig normal, dass, wenn man an der Hinterhand oder dem hinteren Rücken arbeitet und diese Regionen lockert, die Pferde anfangen, zu pupsen. Einige Pferde sogar sehr heftig.
Sieh es einfach als Kompliment für deine Arbeit an, so mache ich es auch.

Verspannungen in einem dieser Bereiche würden hier nicht nur zu Schmerzen und Bewegungseinschränkungen führen, sondern auch den kompletten Apparat Hinterhand lahmlegen.

Dies wiederum würde sich auch auf den restlichen Körper auswirken, da wichtige und entlastende Mechanismen nicht mehr greifen bzw. arbeiten können. So hängt die Gesundheit des Rückens und des restlichen Körpers auch von der Hinterhand ab.

Wie du die Muskulatur der Hinterhand locker und geschmeidig hältst, zeige ich dir in den folgenden Übungen.

13.1 Massage des großen Gesäßmuskels

Dieser Muskel gehört zu den kräftigsten Muskeln deines Pferdes. Er zieht sich von der Lendenwirbelsäule über den gesamten Po bis zum Oberschenkel. Er ist dafür da, das Hinterbein nach hinten raus zu bewegen, um so den Körper nach vorne zu bewegen.

Der zu massierende Bereich

Durchführung: Stelle dich vorsichtig seitlich neben die Hinterhand deines Pferdes. Streiche nun von oben nach unten den gesamten Muskel aus. Dieser Muskel ist großflächig und so kannst du dich nach einer kurzen Eingewöhnungszeit ordentlich austoben.

Um den Effekt zu erhöhen, kannst du hier auch kreiseln. Beobachte die gesamte Zeit die Reaktion deines Pferdes, manche mögen es sehr gern, andere wiederum nicht.

Wenn dein Pferd es unangenehm findet, widme dich anderen Übungen und Techniken, die es lieber mag. Wie wir Menschen sind nämlich auch unsere Pferde alle unterschiedlich.

Versuche auch hier wieder, die Beschaffenheit zu erspüren und den Muskel mit der anderen Seite zu vergleichen. Ist der Muskel auf der anderen Seite vielleicht fester, stärker bemuskelt oder ausgeprägter oder sind sie beide gleich ausgebildet?

Beachte: Gerade bei dieser Übung kann sich die Reaktion deines Pferdes sehr schnell ändern, besonders, wenn du etwas weiter in die Tiefe der Muskulatur gehst. Sei bitte sehr vorsichtig.

Ziel dieser Übung: Entspannung der Muskulatur in diesem Bereich der Hinterhand. Dein Pferd sollte sich während dieser Übung entspannen und vielleicht auch etwas den Kopf dabei senken. Manche Pferde fangen auch an, das jeweilige Bein zu entlasten und zu ruhen, während man den Muskel bearbeitet.

Für wen ist diese Übung nicht geeignet?
Diese Übung solltest du nicht machen, wenn dein Pferd eine Verletzung oder Probleme in diesem Bereich hat oder hatte. Sprich dazu diese Übung mit deinem Tierarzt oder Therapeuten ab.

Schaue dir auch mal dein Pferd von hinten genau an und vergleiche die Ausprägung der Muskulatur beider Seiten.

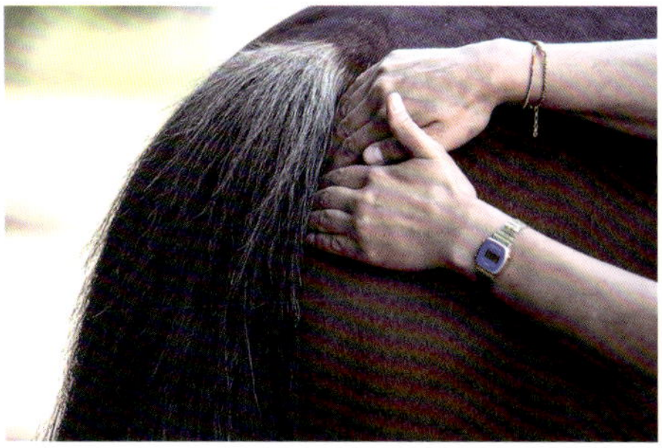

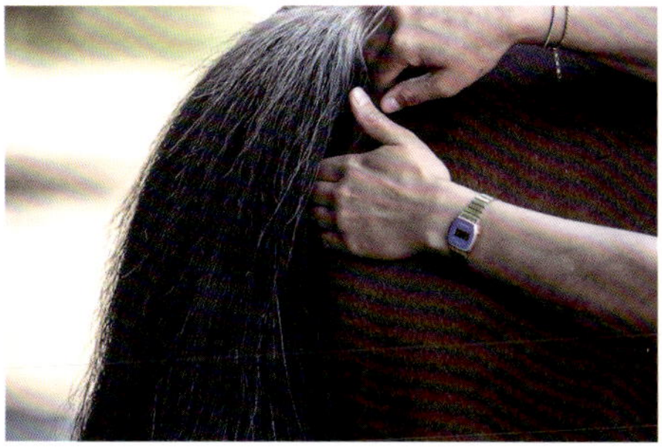

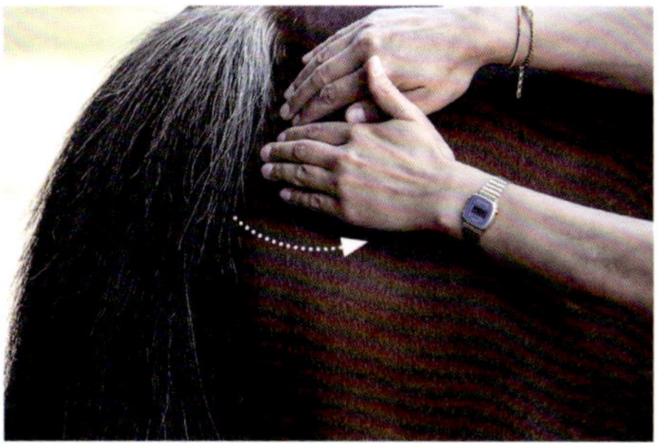

13.2 Massage der hinteren Gesäßmuskulatur

Durchführung: Stelle dich vorsichtig seitlich und etwas weiter nach hinten als bei der Übung davor neben die Hinterhand deines Pferdes. Streiche nun von oben nach unten den gesamten Muskel aus.

Nun gleite langsam mit deiner Hand unter die Schweifrübe und umfasse den Muskel mit deiner Hand. Jetzt ziehe ihn ganz leicht und sanft minimal zu dir und führe ihn sanft zurück. Wiederhole es einige Male und arbeite dich so Stück für Stück den Muskel entlang nach unten.

Beachte: Gerade bei dieser Übung kann sich die Reaktion deines Pferdes sehr schnell ändern, besonders, wenn du etwas weiter nach unten gehst. Sei bitte sehr vorsichtig.

Was du spüren wirst, ist ein länglicher, aber kräftiger Muskel. Versuche auch hier wieder, die Beschaffenheit zu erspüren und ihn mit der anderen Seite zu vergleichen.

Ziel dieser Übung: Entspannung der Muskulatur in diesem Bereich der Hinterhand. Dein Pferd sollte sich während dieser Übung entspannen und vielleicht auch etwas den Kopf dabei senken. Manche Pferde fangen auch an, das jeweilige Bein zu entlasten und zu ruhen, während man den Muskel bearbeitet.

Für wen ist diese Übung nicht geeignet?
Diese Übung solltest du nicht machen, wenn dein Pferd eine Verletzung oder Probleme in diesem Bereich hat oder hatte. Sprich dazu diese Übung mit deinem Tierarzt oder Therapeuten ab.

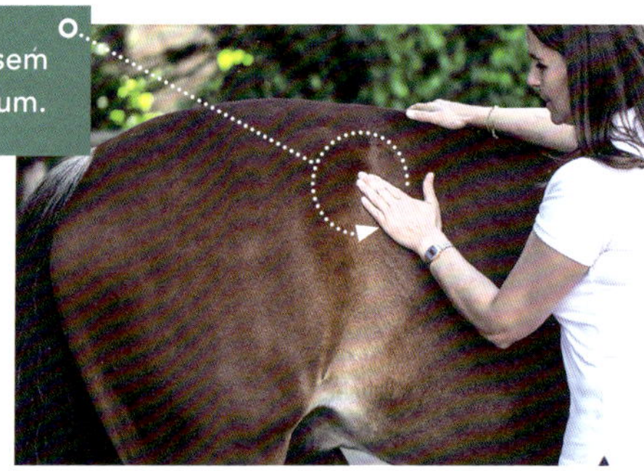

13.3 Umkreisen des Hüfthöckers

Durchführung: Der Hüfthöcker ist bei vielen Pferden gut sichtbar und somit einfach zu finden. Streiche zunächst sanft über diesen Bereich und lenke die Aufmerksamkeit deines Pferdes auf dich. Fange dann an, den Hüfthöcker mit sanftem Druck (**Stufe 1**) zu umkreisen.

Was du spüren wirst: Auch hier wirst du beim Umkreisen spüren, dass es an einigen Stellen um den Hüfthöcker weicher ist und an anderen wiederum etwas fester oder sogar hart, wenn du direkt auf dem Knochen bist. Passe deine Druckstärke immer dem an, was du unter deinen Händen spürst, und werde immer etwas sanfter, je fester das Gewebe ist.

Ziel dieser Übung: Lockerung der umliegenden Muskulatur

Für wen ist diese Übung nicht geeignet?
Diese Übung solltest du nicht machen, wenn dein Pferd eine Verletzung oder Probleme in diesem Bereich hat oder hatte. Sprich dazu diese Übung mit deinem Tierarzt oder Therapeuten ab.

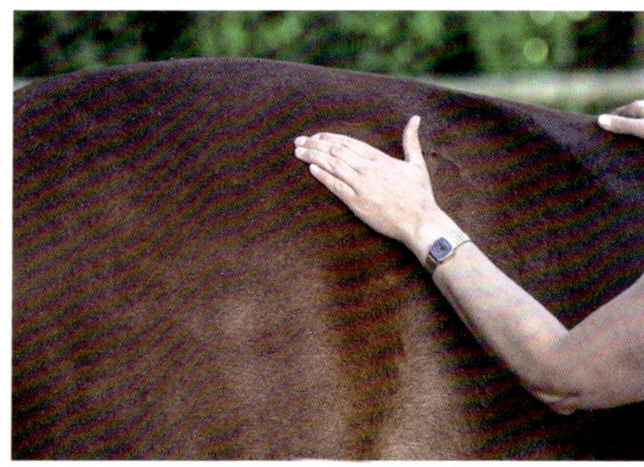

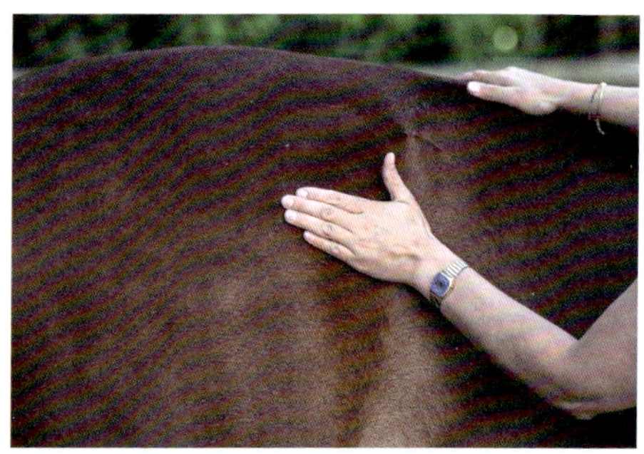

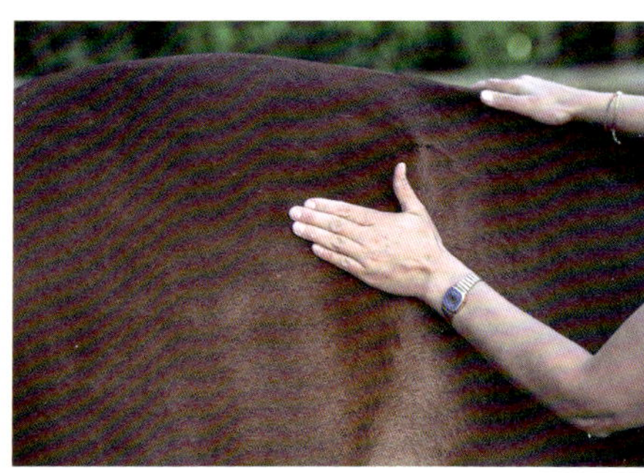

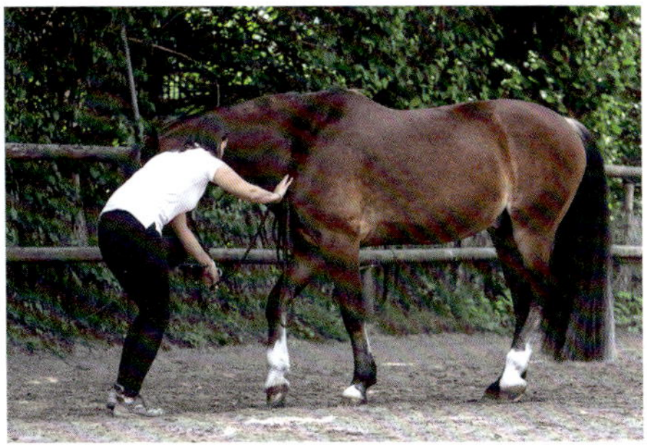

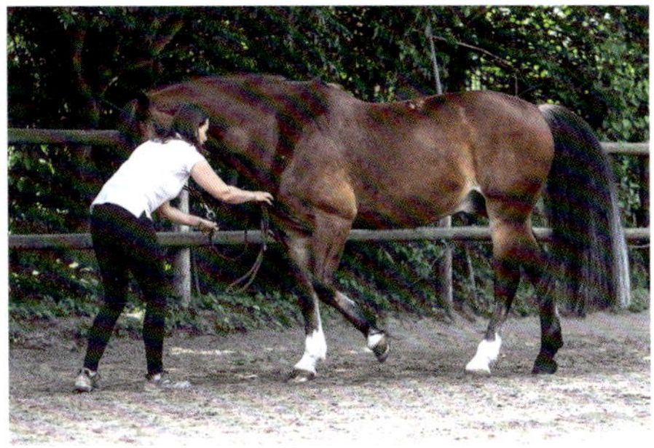

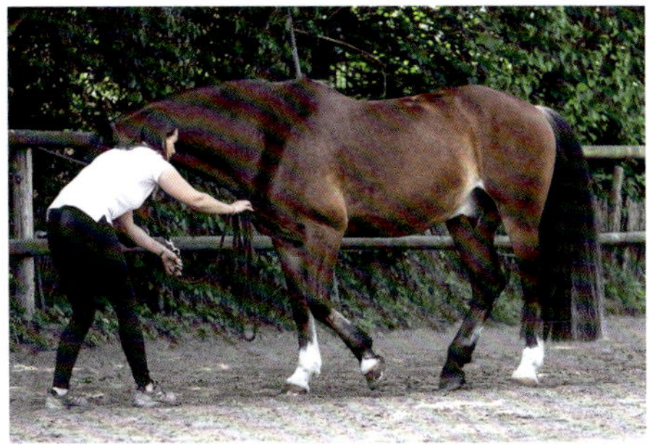

13.4 Rückwärtsrichten an einer kleinen Steigung/Hang

Einige Schritte rückwärts bergauf verbessern den Muskeltonus und lockern Hinterhand, Becken und Rücken. Bringe deinem Pferd bei, auf Kommando ein paar Schritte entspannt rückwärtszugehen.

Dies lockert den Rücken und das Becken deines Pferdes, als Steigerung mit gesenktem Kopf, um den Rücken beim Rückwärtsgehen noch etwas mehr aufzuwölben. Wenn dein Pferd diese Übungen gut macht und du einen kleinen Hang oder Hügel in der Nähe hast, kannst du auch versuchen, dein Pferd dort ein paar Tritte rückwärts hochgehen zu lassen.

Dies ist nicht nur eine Herausforderung für die koordinativen Fähigkeiten deines Pferdes, sondern animiert es auch, seinen Körper noch bewusster und anders wahrzunehmen und einzusetzen.

Ziel dieser Übung: Verbesserung des Muskeltonus im Bereich des Rückens und der Hinterhand.

Für wen ist diese Übung nicht geeignet?
Diese Übung solltest du nicht machen, wenn dein Pferd eine Verletzung oder Probleme, wie z. B. Arthrose in der Hinterhand, der Vorhand oder dem Rücken, hat oder hatte. Sprich dazu diese Übung mit deinem Tierarzt oder Therapeuten ab.

13.5 Dehnung des langen Gesäßmuskels

Dieser Muskel läuft über die Kruppe zum Hinterbein deines Pferdes und verbindet so das Becken mit dem Hinterbein. Eine Verspannung oder Verkürzung dieses Muskels führt dazu, dass dein Pferd nicht mehr aktiv mit der Hinterhand unter den Schwerpunkt tritt. Deshalb bietet es sich an, auch diesen Muskel regelmäßig zu dehnen.

Durchführung: Lasse dein Pferd von einem Helfer festhalten und stelle dich vorsichtig und ruhig neben das Hinterbein deines Pferdes. Hebe sein Bein auf, wie zum Hufe auskratzen, und lege deine Hände in die Fesselbeuge.

Verschränke hierbei bitte nicht deine Finger ineinander, sondern lege nur die Hände aufeinander (siehe Foto unten). Nun gehe langsam rückwärts Richtung Kopf und führe das Bein mit dir. Versuche dabei den Huf möglichst tief, also nah am Boden zu halten.

Achte darauf, in der Spur des gleichseitigen Vorderbeines zu bleiben, um das Bein nicht nach außen zu ziehen.

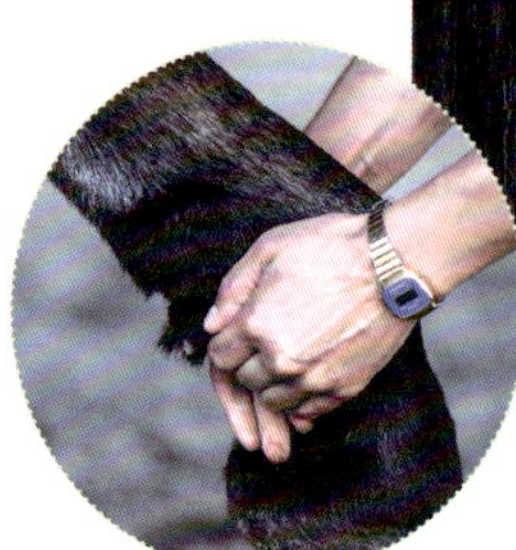

Für deine Sicherheit: Um den Griff schnell lösen zu können, verschränke hierbei bitte nicht deine Finger ineinander, sondern lege nur die Hände aufeinander.

Gib deinem Pferd etwas Zeit. Falls es ihm schwerfällt, lockerzulassen, gehe wieder einige Zentimeter zurück und versuche es von dort aus noch einmal. Wenn es gut klappt, halte das Hinterbein für etwa 60 Sekunden in dieser Stellung.

Beachte: Gerade bei dieser Übung kann sich die Reaktion deines Pferdes sehr schnell ändern, besonders, wenn du weiter nach unten gehst. Sei bitte sehr vorsichtig.

Ziel dieser Übung: Dehnung und Verbesserung des Muskeltonus, für eine bessere Beweglichkeit im Bereich der Hinterhand und des Beckens.

Für wen ist diese Übung nicht geeignet?
Diese Übung solltest du nicht machen, wenn dein Pferd eine Verletzung oder Probleme, wie z. B. Arthrose in der Hinterhand, hat oder hatte. Sprich dazu diese Übung mit deinem Tierarzt oder Therapeuten ab.

*** Für Fortgeschrittene ***

13.6 Mobilisation der Hinterhand und des Beckens

Durchführung: Lasse dein Pferd von einem Helfer festhalten und stelle dich vorsichtig und ruhig neben das Hinterbein deines Pferdes. Hebe sein Bein auf, wie zum Hufe auskratzen, und legen deine Hände in die Fesselbeuge. Verschränke hierbei bitte nicht deine Finger ineinander, sondern lege nur die Hände aufeinander (siehe Foto S. 90).

Nun gehe langsam rückwärts Richtung Kopf und führe das Bein zunächst nur ein kleines Stück in Richtung des gleichseitigen Vorderbeins. Versuche den Huf möglichst tief, also nah am Boden zu halten. Lasse dein Pferd nun den Huf vorsichtig auf den Boden abstellen.

Das kannst du ruhig einige Male wiederholen und dabei den Huf immer ein kleines Stück weiter zurück aufstellen lassen.

Achte darauf, in der Spur des gleichseitigen Vorderbeines zu bleiben, um das Bein nicht nach außen zu ziehen.

Gib deinem Pferd Zeit und steigere den Abstand nur langsam.

Beachte: Gerade bei dieser Übung kann sich die Reaktion deines Pferdes sehr schnell ändern, besonders, wenn du etwas weiter nach unten gehst. Sei bitte sehr vorsichtig.

Ziel dieser Übung: Dehnung und Verbesserung des Muskeltonus, für eine bessere Beweglichkeit im Bereich der Hinterhand und des Beckens.

Gerade beim Aufsetzen des Hufes auf den Boden achte auf deine Finger.

Für wen ist diese Übung nicht geeignet?

Diese Übung solltest du nicht machen, wenn dein Pferd eine Verletzung oder Probleme, wie z. B. Arthrose in der Hinterhand, hat oder hatte. Sprich dazu diese Übung mit deinem Tierarzt oder Therapeuten ab.

13.7 Schaukeln

Das Schaukeln kennst du noch als Übung am Widerrist für die Vorhand – hier nun als Übung für die Hinterhand.

Durchführung: Lege eine Hand auf die Kruppe deines Pferdes, die andere an den Schweifansatz. Diese Übungen solltest du nur machen, wenn dein Pferd sich gerne in diesem sensiblen Bereich anfassen lässt.

Mache keine allzu großen und ruckartigen Bewegungen. Das Schaukeln beschränkt sich auch hier auf wenige Zentimeter.

Fange langsam an, dein Pferd über den Schweifansatz zu bewegen. Schaukle ganz sanft und vorsichtig hin und her. Die Hand auf der Kruppe verhält sich relativ ruhig und versucht, die Bewegung zu erspüren.

Ziel dieser Übung: Lockerung der Lendenwirbelsäule, des Beckens und der Hinterhand, außerdem auch ein kleines bisschen Training für das Gleichgewicht.

Steigerung: Wer möchte und wessen Pferd fit genug ist, kann hierfür auch zusätzlich die Balance Boards nutzen.

Für wen ist diese Übung nicht geeignet?
Diese Übung solltest du nicht machen, wenn dein Pferd eine Verletzung oder Probleme, wie z. B. Arthrose in der Hinterhand, hat oder hatte. Sprich dazu diese Übung mit deinem Tierarzt oder Therapeuten ab.

Take a deep breath

14. Die Atmung

Für unsere Pferde ist eine funktionierende Atmung unerlässlich, um den Körper mit Sauerstoff zu versorgen.

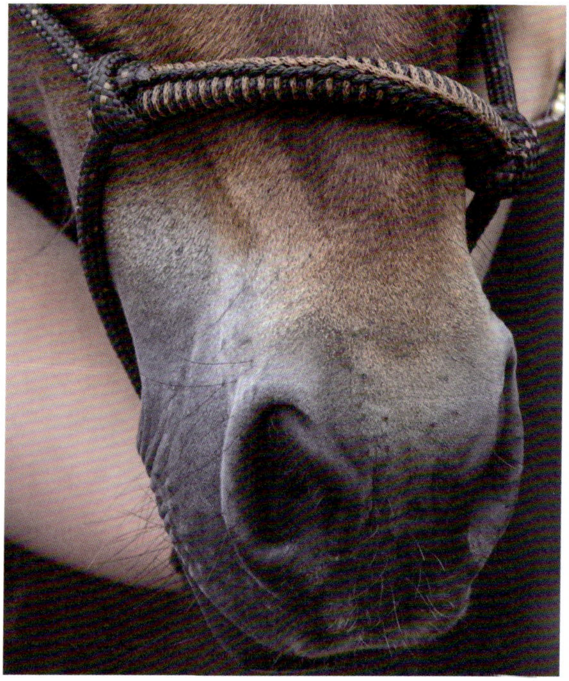

Schon eine geringe Beeinträchtigung der Atmung kann bei deinem Pferd zu einer Minderung der Leistung führen. Pferde, die Probleme bei der Atmung haben, ermüden z. B. schneller, da ihr Körper nicht ausreichend mit Sauerstoff versorgt wird. Somit beeinflusst die Atmung nicht nur das Wohlbefinden, sondern auch die Leistungsfähigkeit deines Pferdes.

Gerade jene Pferde, die beim Atmen Probleme haben, kann man – ***neben einer fachmännischen Behandlung durch den Tierarzt!*** – auch selbst noch etwas unterstützen.

Mit dem Begriff Atmungsapparat werden die Organe zusammengefasst, die an der Atmung beteiligt sind. Hierzu gehört nicht nur die Lunge.

Die oberen Atemwege umfassen die Nüstern, die Nasenhöhlen, die Nasennebenhöhlen, den Nasenrachen und den Kehlkopf.

Zu den unteren Atemwegen, die tiefer im Körper liegen, gehören die Luftröhre, die Lunge sowie die Bronchien und die Alveolen*.

Auch sind an dem Vorgang Atmung unter anderem das Zwerchfell, die Bauchmuskulatur, die Rippen mit der Zwischenrippenmuskulatur sowie die Brustwirbelsäule beteiligt. Einige der letztgenannten können wir von außen beeinflussen, also beweglich und locker erhalten, um dem Pferd die Atmung zu erleichtern oder sogar zu verbessern.

**Lungenbläschen*

Aus der Praxis

Oft erlebe ich es, dass, wenn ich im Bereich der Rippen oder des Bauches arbeite und etwas löse, einige Pferde anfangen zu husten oder so richtig tief durchatmen, obwohl es dem Pferdebesitzer gar nicht bewusst war, dass die Atmung anscheinend eingeschränkt bzw. behindert war. Diese berichten dann im Nachhinein von mehr Leistungsbereitschaft, Kondition und Ausdauer, was natürlich alle Beteiligten freut. Denn auch mich machen solche tollen Rückmeldungen nach einer Behandlung unheimlich glücklich.

Denn eine Verspannung oder Bewegungseinschränkung in einem oder mehreren dieser Bereiche wird deinem Pferd die Atmung erschweren. Kommt dann noch eine Atemwegserkrankung, wie z. B. eine Bronchitis, dazu, dann wird die Luft im wahrsten Sinne des Wortes knapp.

14.1. Der Atemrhythmus

Durchführung: Stelle dich vorsichtig seitlich neben den Bauch deines Pferdes. Ich kann es am besten von der linken Seite. Lege eine Hand oben auf den Rücken, ich nehme dafür die linke. Mit der anderen Hand streichst du vorsichtig den Rippenbogen entlang bis unter den Bauch. Gehe dabei sehr langsam vor und beobachte die Reaktion deines Pferdes.

Manche Pferde sind hier kitzelig oder mögen es nicht, am Bauch angefasst zu werden. Wenn dein Pferd es toleriert, lasse die Hände ruhen und konzentriere dich auf die Atmung deines Pferdes. Wann atmet es ein und wann wieder aus? Was passiert mit dem Bauch deines Pferdes dabei?

Wenn du dies spürst, dann gehe mit deinen Händen die Bewegung mit und unterstütze sie. Beginne hierbei zunächst mit sanftem Druck **(Stufe 1)** und arbeite dich dann langsam weiter.

Achte auf die Reaktion deines Pferdes, um zu sehen, welche Druckintensität ihm am besten gefällt.

Beachte: Gerade bei dieser Übung kann sich die Reaktion deines Pferdes sehr schnell ändern, besonders, wenn du mit deinen Händen etwas weiter nach unten oder Richtung Hinterhand gehst. Sei bitte sehr vorsichtig.

Wenn es dein Pferd zulässt, kannst du auch mit beiden Händen den Atemrhythmus erspüren.

Ziel dieser Übung: Senkt Atemfrequenz und wirkt außerdem allgemein sehr entspannend – auf euch beide.

Für wen ist diese Übung nicht geeignet?
Diese Übung solltest du nicht machen, wenn dein Pferd eine Verletzung oder Probleme in diesem Bereich hat oder hatte. Sprich dazu diese Übung mit deinem Tierarzt oder Therapeuten ab.

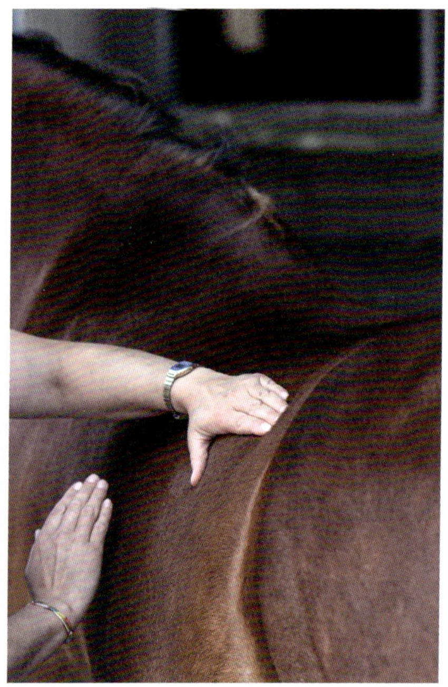

14.2 Massage der Zwischenrippenmuskulatur

Die Massage der Zwischenrippenmuskulatur ist besonders für Pferde mit Atemproblemen oder Allergiker interessant. So kannst du feststellen, ob dein Pferd in dieser Region Schmerzpunkte hat oder an bestimmten Stellen verspannt ist.

Durch das Lösen von Verspannungen und das Lockern dieser Muskulatur erleichterst du deinem Pferd das Atmen und in manchen Fällen auch das Abhusten. Bei kitzeligen Pferden, insbesondere Stuten, solltest du etwas vorsichtiger sein.

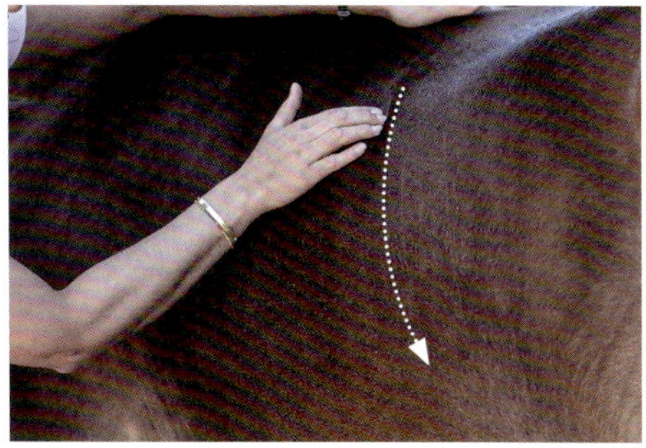

Versuche deine Massage dem Atemrhythmus deines Pferdes anzupassen.

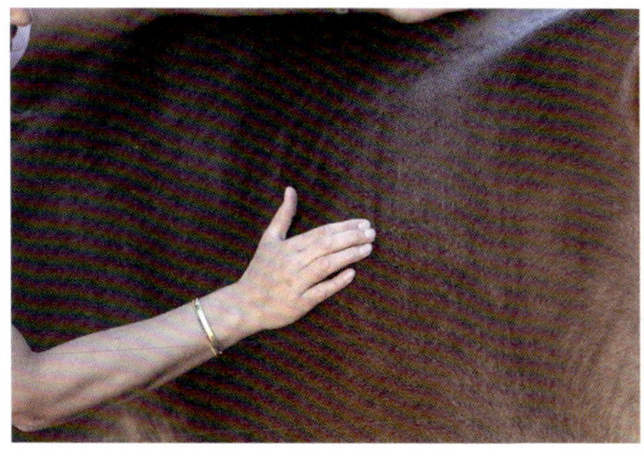

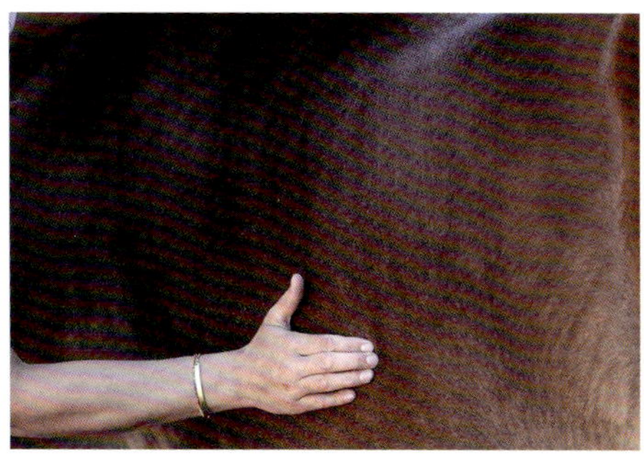

Durchführung: Hierbei fährst du zunächst mit deinen Fingerspitzen am Rippenbogen entlang. Dabei kannst du feststellen, ob dein Pferd hier Schmerzpunkte hat oder an bestimmten Stellen verspannt ist.

Anschließend streichst du mit deinen Fingern von oben nach unten zwischen den Rippen entlang. Starte etwas weiter vorne und mit sanftem Druck **(Stufe 1)**, um erst einmal zu schauen, wie dein Pferd reagiert. Bei sehr kitzeligen Pferden solltest du auch immer die Hinterhand im Blick haben.

Die Hinterhand kann nämlich auch nach vorne treten!

Beobachte die gesamte Zeit die Reaktion deines Pferdes, manche mögen es sehr gern, andere wiederum gar nicht.

Wenn dein Pferd es unangenehm findet, widme dich anderen Übungen und Techniken, die es lieber mag. Wie wir Menschen sind nämlich auch unsere Pferde alle unterschiedlich.

Beachte: Gerade bei dieser Übung kann sich die Reaktion deines Pferdes sehr schnell ändern, gerade wenn du etwas weiter nach unten gehst. Sei bitte sehr vorsichtig.

Ziel dieser Übung: Entspannt die Atemhilfsmuskulatur, erleichtert somit auch deinem Pferd das Atmen, senkt die Atemfrequenz und wirkt außerdem allgemein entspannend.

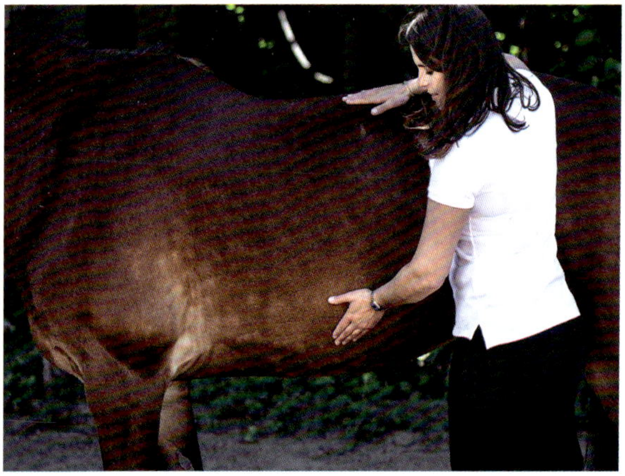

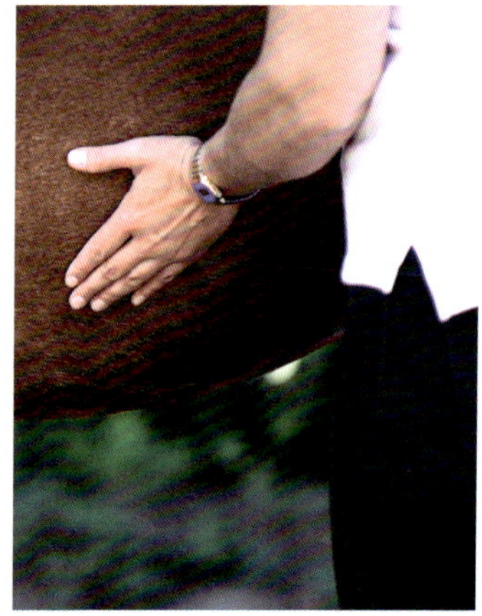

Für wen ist diese Übung nicht geeignet?
Diese Übung solltest du nicht machen, wenn dein Pferd eine Verletzung oder Probleme in diesem Bereich hat oder hatte. Sprich dazu diese Übung mit deinem Tierarzt oder Therapeuten ab.

Beachte: Gerade bei dieser Übung kann sich die Reaktion deines Pferdes sehr schnell ändern, gerade wenn du etwas weiter nach unten oder weiter Richtung Hinterhand gehst. Sei bitte sehr vorsichtig.

14.3 Massage der Bauchmuskulatur

Durchführung: Streiche vorsichtig hinter der Schulter deines Pferdes an der Gurtlage entlang nach unten. Fange an, die Gurtlage sanft mit der flachen Hand auszustreichen. Arbeite dich von hier aus den Bauch entlang nach hinten.

Beobachte während der gesamten Zeit die Reaktion deines Pferdes. Manche Pferde sind sehr empfindlich am Bauch und mögen es dort nicht so gern. Wenn das bei deinem Pferd der Fall ist, besprich dies mit deinem Therapeuten, ob dies ein Anzeichen für eventuelle Problematiken ist und wenn ja, welche Ursachen es dafür geben kann.

Wenn es z. B. ein Problem des Magen-Darm-Traktes ist, könnte man die Fütterung überdenken. Dies ist aber nur ein Beispiel.

Ziel dieser Übung: Entspannt die Atemhilfsmuskulatur, erleichtert deinem Pferd das Atmen, senkt die Atemfrequenz und wirkt außerdem allgemein entspannend.

Für wen ist diese Übung nicht geeignet?
Diese Übung solltest du nicht machen, wenn dein Pferd eine Verletzung oder Probleme in diesem Bereich hat oder hatte. Sprich dazu diese Übung mit deinem Tierarzt oder Therapeuten ab.

Gut gedehnt ist halb gewonnen

15. Allgemeine Dehnungs- und Mobilisationsübungen

Gut gedehnte Muskeln sind die Voraussetzung für ein lockeres und zufriedenes Pferd, denn durch Dehnung verbessert sich die Durchblutung der Muskulatur und hält sie dadurch flexibel. So können wir nicht nur die Beweglichkeit, sondern auch das Allgemeinbefinden unserer Pferde unterstützen.

Wie auch bei den Massagen kann man Dehnungsübungen vor oder nach dem Reiten machen. In den vorangegangenen Kapiteln findest du bereits gezielte Übungen für die einzelnen Körperteile.

Es gibt aber noch ein paar Übungen, mit denen man mehrere Körperpartien dehnt und stretcht. Gerade diese Übungen eignen sich sehr gut dazu, sie in die tägliche Routine mit einzubauen!

FÜR DEHNUNGEN GILT GRUNDSÄTZLICH:

> Achte auf eine entspannte Umgebung.

> Mache immer ruhige und langsame Bewegungen beim Dehnen, führe die Übungen niemals ruckartig aus.

> Dein Pferd sollte ruhig stehen, brav die Hufe geben und sich überall berühren lassen.

> Wiederhole jede Übung etwa dreimal und halte sie dann jeweils ungefähr 45-60 Sekunden lang. Sollte dein Pferd vorher anfangen, zu zappeln oder sich der Dehnung zu widersetzen, beende die Dehnung früher und versuche es gegebenenfalls noch einmal.

> Du kannst dein Pferd täglich dehnen.

15.1 Die Möhrchenübung Variante 1

Diese Übung kennen die meisten von euch. Aber wusstest du, dass es mehrere Möglichkeiten gibt, diese Übung auszuführen? Zuerst zeige ich dir meine Lieblingsvariante „lang und tief". Dazu brauchst du dein Pferd und eine Möhre (es geht auch ein Leckerli, aber eine Möhre ist sicherer für deine Finger!).

Durchführung: Stelle dich mit deinem Rücken an die Schulter deines Pferdes und locke es um dich herum. Jetzt gehe langsam mit der Möhre etwas tiefer und weiter Richtung Hinterbein. Versuche es erst Richtung Sprunggelenk, später dann Richtung Huf. Dies dient als Richtungshilfe, dein Pferd muss nicht bis zum Sprunggelenk oder Huf kommen. Wichtig ist zunächst auch nicht, wie weit dein Pferd kommt, sondern dass es der Möhre folgt und auch einige Zeit dort bleibt. Starte deshalb langsam und gib deinem Pferd etwas Zeit. Besteht ein erheblicher Seitenunterschied, solltest du deinen Therapeuten zurate ziehen.

Wirkung: Dehnung der gegenüberliegenden Hals-, Schulter- und Rumpfmuskulatur, Mobilisation der Halswirbelsäule.

Für wen ist diese Übung nicht geeignet?

Diese Übung solltest du nicht machen, wenn dein Pferd eine Verletzung oder Probleme, wie z. B. Arthrose in der Halswirbelsäule, hat oder hatte. Sprich dazu diese Übung mit deinem Tierarzt oder Therapeuten ab.

Star ist im Hals sehr beweglich.

15.2 Die Möhrchenübung Variante 2

Die zweite Variante, die ich dir hier gerne vorstellen möchte, wird etwas höher angesetzt als Variante 1.

Dazu brauchst du wieder dein Pferd und eine Möhre (auch hier geht es auch mit einem Leckerli, aber eine Möhre ist sicherer für deine Finger!). Starte am Kopf deines Pferdes und locke es mit der Möhre in deine Richtung.

Jetzt gehst du langsam zurück Richtung Hinterbein und lässt dein Pferd mit dem Kopf folgen. Versuche dein Pferd Richtung Hüftknochen und/oder ein Stück darüber oder auch darunter zu locken. Dies dient als Richtungshilfe, dein Pferd muss am Anfang nicht bis zum Hüftknochen kommen.

Wichtig ist zunächst auch nicht, wie weit dein Pferd kommt, sondern dass es der Möhre folgt und auch einige Zeit dort bleibt. Starte deshalb langsam und gib deinem Pferd etwas Zeit. Besteht in der Beweglichkeit deines Pferdes ein erheblicher Unterschied zwischen den beiden Seiten, solltest du deinen Therapeuten zurate ziehen.

Wirkung: Dehnung der gegenüberliegenden Hals-, Schulter- und Rumpfmuskulatur, Mobilisation der Halswirbelsäule.

Für wen ist diese Übung nicht geeignet?
Diese Übung solltest du nicht machen, wenn dein Pferd eine Verletzung oder Probleme, wie z. B. Arthrose in der Halswirbelsäule, hat oder hatte. Sprich dazu diese Übung mit deinem Tierarzt oder Therapeuten ab.

15.3 Die Möhrchenübung Variante 3

Die dritte Variante dieser Übung geht nach vorne-unten zwischen die Vorderbeine deines Pferdes. Versuche, dein Pferd auch hier mit einer Möhre zu dir zu locken und gehe zunächst langsam nach unten in Richtung der Vorderhufe. Wenn es das gut macht, locke es zwischen die Vorderbeine ein Stück nach hinten und beschäftige es dort einen Moment.

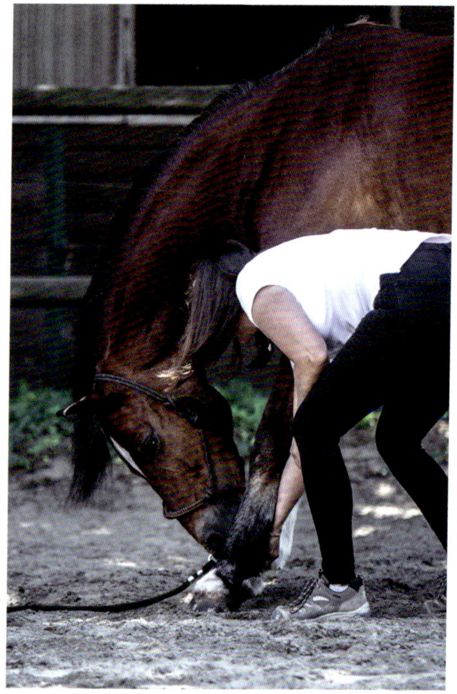

Beachte: Gehe nicht zu weit nach hinten. Dein Pferd sollte nicht mit den Vorderbeinen einknicken, damit die Druckbelastung der Gelenke nicht zu groß ist. Denn das kann besonders bei älteren Pferden und Pferden mit Arthrosen in diesen Bereichen zu Schmerzen und Problemen führen.

Wirkung: Dehnung der Oberlinie, insbesondere im Bereich der Hals- und Brustwirbelsäule.

Für wen ist diese Übung nicht geeignet?
Diese Übung solltest du nicht machen, wenn dein Pferd eine Verletzung oder Probleme, wie z. B. Arthrose in der Halswirbelsäule oder der Vorhand, hat oder hatte. Sprich dazu diese Übung mit deinem Tierarzt oder Therapeuten ab.

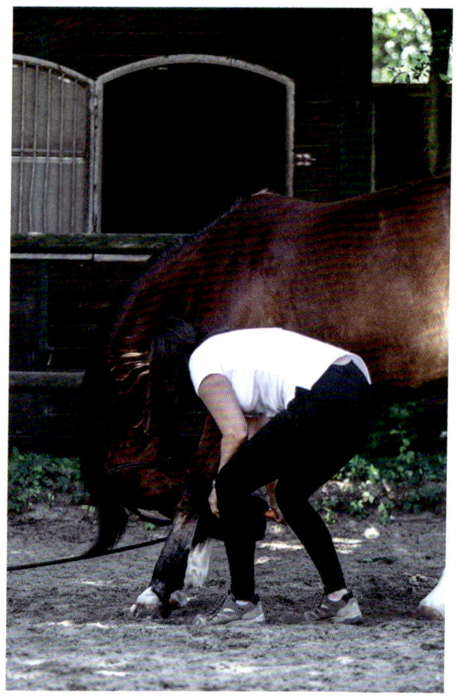

Versuche, bei der Übung nicht zu weit nach hinten zu gehen. Ich bin auf diesem Foto schon etwas über den optimalen Punkt.

15.4 Rückwärtsgehen

Bringe deinem Pferd bei, auf Kommando ein paar Schritte locker rückwärtszugehen. Dies lockert den Rücken und das Becken deines Pferdes, als Steigerung mit gesenktem Kopf, um den Rücken beim Rückwärtsgehen noch etwas mehr aufzuwölben.

Wenn dein Pferd diese Übungen gut macht und du einen kleinen Hang oder Hügel in der Nähe hast, kannst du auch versuchen, dein Pferd dort ein paar Tritte rückwärts hochgehen zu lassen.

Dies ist nicht nur eine Herausforderung für die koordinativen Fähigkeiten deines Pferdes, sondern animiert es auch, seinen Körper noch bewusster und anders wahrzunehmen und einzusetzen.

Wirkung: Lockert die gesamte Oberlinie, besonders im Bereich des Rückens und des Beckens.

Für wen ist diese Übung nicht geeignet?
Diese Übung solltest du nicht machen, wenn dein Pferd eine Verletzung oder Probleme im Bereich der Hinterhand oder des Beckens hat oder hatte. Sprich dazu diese Übung mit deinem Tierarzt oder Therapeuten ab.

Versuche, dein Pferd bewusst Schritt für Schritt rückwärtsgehen zu lassen.

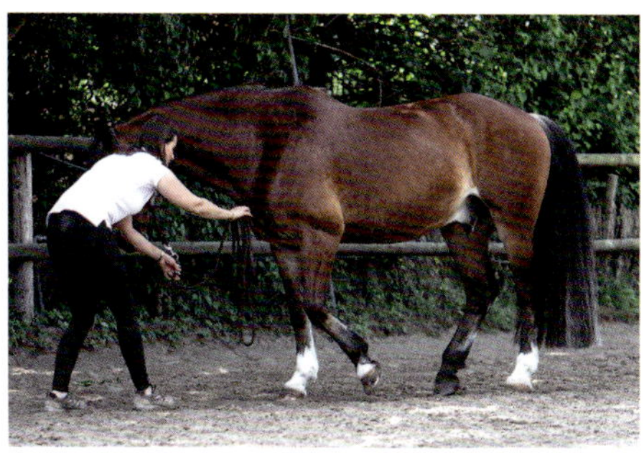

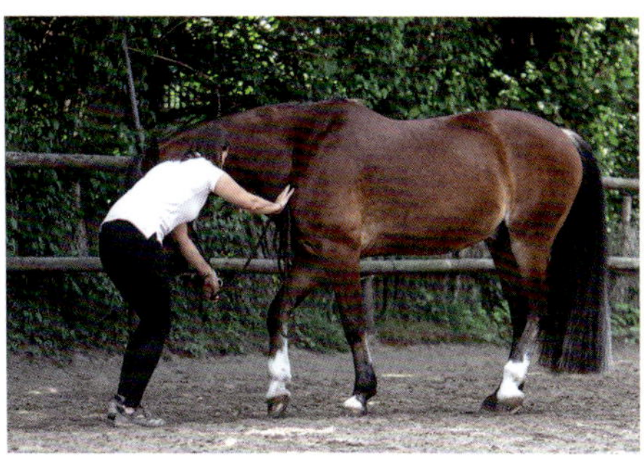

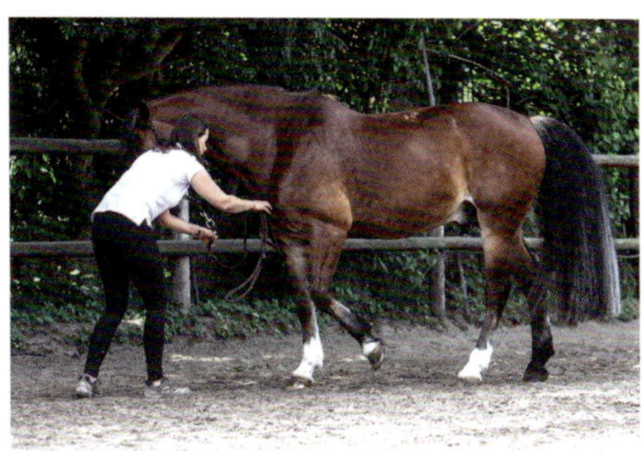

15.5 Seitengänge

Seitengänge, egal ob vom Boden aus oder beim Reiten, halten dein Pferd beweglich und geschmeidig. Für die Gymnastizierung eignen sich hier auch sehr gut alle Seitengänge im Schritt, es muss nicht immer im Trab und Galopp sein.

Durchführung: Bringe deinem Pferd bei, auf Kommando ein paar Schritte seitwärtszugehen, dann zu halten und daraus wieder neu anzugehen. Achte darauf, dass dein Pferd dabei seine Vorder- und Hinterbeine jeweils kreuzt. Baue dies langsam und Schritt für Schritt auf.

Wirkung: Dies mobilisiert den Körper deines Pferdes insgesamt und ist gleichzeitig eine gute Kopfarbeit.

Für wen ist diese Übung nicht geeignet?

Diese Übung solltest du nicht machen, wenn dein Pferd eine Verletzung oder Probleme, wie z. B. Arthrose in einem oder mehreren Gelenken, hat oder hatte. Sprich dazu diese Übung mit deinem Tierarzt oder Therapeuten ab.

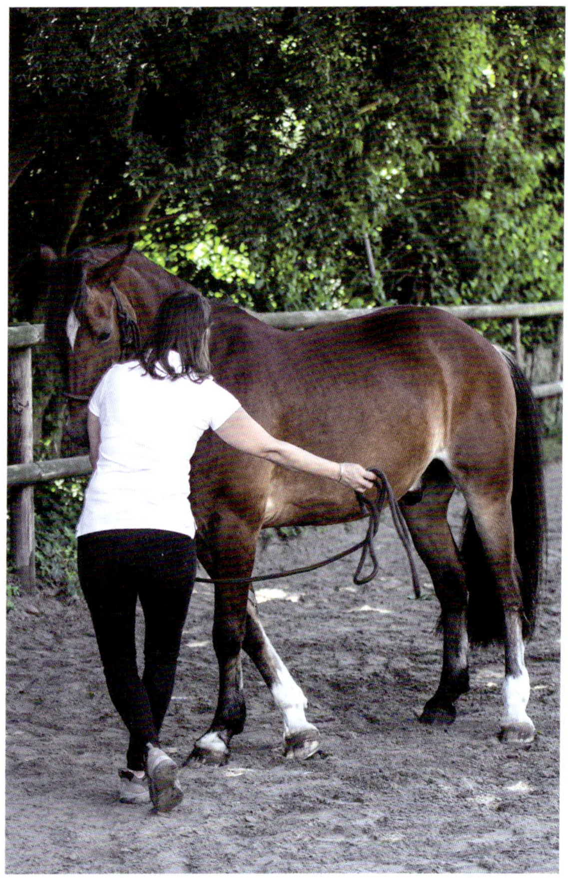

Dein Pferd sollte während dieser Übung nicht anfangen, zu eilen.

Chillout-Zone

16. Eine kleine Extraportion Entspannung

Generell sollen alle Übungen und Massagen, die hier im Buch beschrieben werden, für dein Pferd schon entspannend und wohltuend sein.

Es gibt aber auch Übungen, die gezielt entspannend wirken und die sich leicht in die Stallroutine einbauen lassen.

Tipp: Während meiner Arbeit am Pferd achte ich generell auf meine Atmung. Ich versuche ruhig und gleichmäßig ein- und wieder auszuatmen. Während der Techniken zum Entspannen oder bei nervösen Pferden achte ich aber besonders auf meine Atmung. Solchen Pferden hilft oft ein langes, tiefes und bewusstes Ausatmen. Einen selbst entspannt das natürlich auch!

Aus der Praxis

Die Arbeit am Pferdekörper ist etwas Tolles und sehr Spannendes. Pferde reagieren viel direkter und ursprünglicher auf Impulse als wir Menschen. Es gibt Leitbahnen und Reflexpunkte, bei deren Stimulation die Pferde direkt ins „Traumland" geschickt werden können. So kommt es immer wieder vor, dass Pferde während der Behandlung einschlafen und zwar tief. Das ist für alle, inklusive mir, immer faszinierend zu sehen. Pferdebesitzer zücken dann oft das Handy und filmen. Es ist schon vorgekommen, dass das Pferd so „weit weg" war, dass es gar nicht mitbekommen hat, dass seine Besitzerin seit fünf Minuten mit dem Handy direkt vor ihm stand. Das gab einen großen Schreck und einen Satz zurück, als die Augen wieder aufgingen.

16.1 Massage des „Wohlfühlpunktes“ am Genick

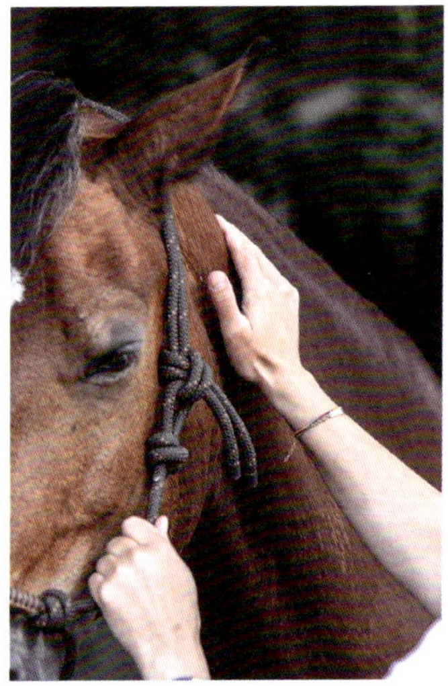

Eine liebe Kollegin mit Fachgebiet Akupunktur hat mir einen speziellen Punkt am Pferd gezeigt, den ich jetzt nur noch „Wohlfühlpunkt“ nenne. Denn beim Stimulieren – nicht nur durch Akupunktur, sondern auch durch einfaches Drücken und Massieren dieses Punktes – entspannt das Pferd und löst die Oberlinie. Was will man mehr...

Durchführung: Lege eine Hand ans Halfter, mit der anderen Hand streichst du vom Genick ausgehend mit sanftem Druck deiner Fingerspitzen Richtung Hals. Deine Hand sollte nach ungefähr fünf Zentimetern in eine kleine, weiche Kuhle gleiten. Bleibe genau dort und übe auf diese Stelle leichten Druck aus. Du kannst hier auch mit kleinen Kreisen massieren (**Druckstufe 1**). Es kann gut sein, dass dein Pferd während dieser Übung den Kopf senkt.

Wirkung: Entspannt dein Pferd und löst die Oberlinie.

Für wen ist diese Übung nicht geeignet?

Diese Übung solltest du nicht machen, wenn dein Pferd eine Verletzung oder Probleme in diesem Bereich hat oder hatte. Sprich dazu diese Übung mit deinem Tierarzt oder Therapeuten ab.

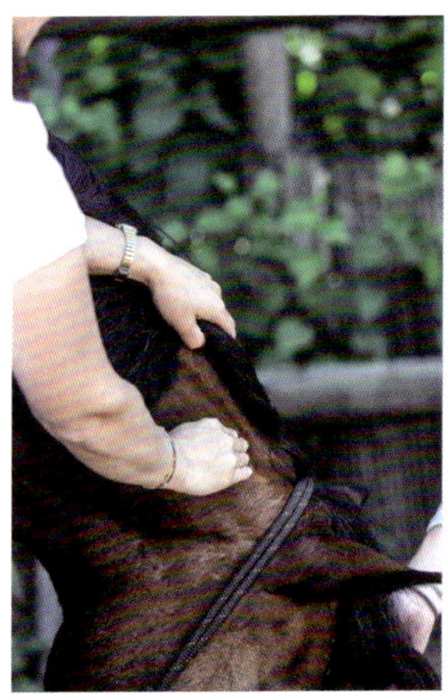

16.2 Kopf tief

Versuche hier wirklich nur mit sanftem Druck zu arbeiten.

Der Pferdekörper ist sehr faszinierend und mit einigen Zusammenhängen in den Systemen ausgestattet, die sich gerade Therapeuten für ihre Arbeit zunutze machen. Wenn Pferde z. B. ihren Kopf senken und ihn eine Zeit unterhalb der Brust halten, wird der gesamte Organismus ein Stück weit runtergefahren und entspannt sich. Selbst der Herzschlag und die Atmung verlangsamen sich dadurch etwas. Dies kannst du wiederum nutzen, um dein Pferd bewusst zu entspannen. Trainiere hierfür, dass dein Pferd auf dein Kommando den Kopf senkt.

Durchführung: Lege dafür eine Hand oben auf das Genick deines Pferdes, die andere an das Halfter. Übe mit deiner oberen Hand ganz sanften Druck aus und mit der unteren Hand am Halfter führst du dein Pferd nach unten. Übe es Stück für Stück, zunächst reicht es, wenn dein Pferd ein kleines Stück nach unten geht und nachgibt. Ziel ist es, dass dein Pferd einige Zeit seinen Kopf gesenkt und tief hält.

Tipp: Diese Übung eignet sich außerdem sehr gut für nervöse oder aber auch für dominante Pferde. Wenn es deinem Pferd schwerfällt, hole dir einen Trainer oder Therapeuten zur Unterstützung.

Lobe es für jeden kleinen Schritt, denn vielen Pferden fällt dies sehr schwer!

Wirkung: Entspannt die Genick- und Halsmuskulatur und wirkt sich auch allgemein entspannend auf dein Pferd aus.

Für wen ist diese Übung nicht geeignet?
Diese Übung solltest du nicht machen, wenn dein Pferd eine Verletzung oder Probleme im Bereich des Genicks hat oder hatte. Sprich dazu diese Übung mit deinem Tierarzt oder Therapeuten ab.

16.3 Stirn ausstreichen

Durchführung: Stelle dich vor den Kopf deines Pferdes und fange sanft an, erst mit einer, später mit beiden Händen über seine Stirn zu streichen. Fahre ruhig und langsam, fast schon meditativ, über die Konturen des Kopfes. Wenn dein Pferd es zulässt, streiche auch sanft und ohne Druck über seine Augen.

Als Steigerung streiche einige Male über seinen Schopf, umfasse ihn vorsichtig und ziehe sanft daran nach unten.

Beobachte die gesamte Zeit die Reaktion deines Pferde. Manche mögen es sehr gern, andere wiederum gar nicht. Wenn dein Pferd es unangenehm findet, widme dich anderen Übungen und Techniken, die es lieber mag. Wie wir Menschen sind nämlich auch unsere Pferde alle unterschiedlich und bevorzugen unterschiedliche Übungen und Techniken.

Wirkung: Entspannt die Muskulatur im Gesicht und wirkt sich auch allgemein entspannend auf dein Pferd aus.

Beachte: Nicht jedes Pferd mag es, an der Stirn angefasst zu werden. Es ist nicht schlimm, wenn dein Pferd diese Übung nicht mag. Taste dich langsam an diese Übung heran oder wähle eine der anderen Entspannungsübungen.

Du kannst dies nach einer Eingewöhnungsphase auch mit beiden Händen gleichzeitug machen.

16.4 Ohren ausstreichen

Von einigen Pferden geliebt – von anderen gehasst: bitte führe diese Übung nur durch, wenn dein Pferd sich gut und gerne an den Ohren anfassen lässt.

Ausgangsposition: Stelle dich frontal zum Kopf deines Pferdes und streiche sanft über seine Stirn. Arbeite dich langsam Richtung Ohren hoch.

Durchführung: Fange vom Schopfansatz ausgehend an, ganz sanft das Ohr der Länge nach auszustreichen. Wenn es deinem Pferd gefällt, kannst du die Ohren auch umfassen und vorsichtig durch deine Hände gleiten lassen. Achte auch hier wieder auf die Reaktion deines Pferdes, was und wie lange es ihm gefällt.

Wirkung: Sehr entspannend für Pferd (... und auch Mensch).

Beachte bitte: Nicht jedes Pferd mag es, an den Ohren angefasst zu werden. Es ist nicht schlimm, wenn dein Pferd diese Übung nicht mag. Taste dich langsam an diese Übung heran oder nimm eine der anderen Entspannungübungen.

Zeigt her eure Füße...

17. Die Hufe

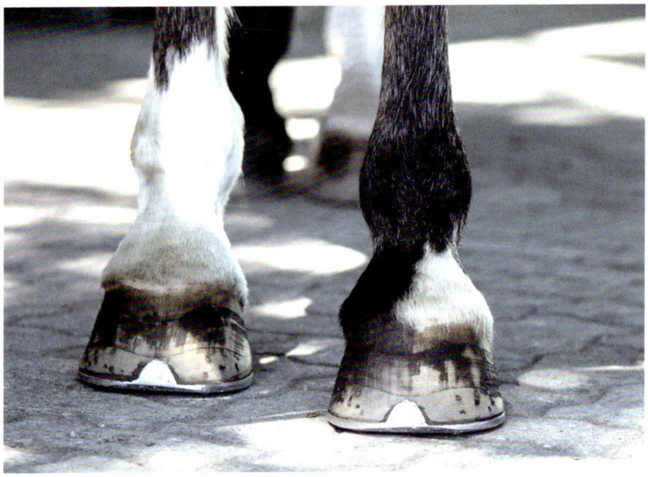

Eine regelmäßige Kontrolle und Korrektur der Hufe sind enorm wichtig – für den gesamten Pferdekörper. Denn die Hufstellung hat direkte Auswirkungen auf den Bewegungsapparat des Pferdes.

Liegt eine falsche Hufstellung vor, wie z. B. ein zu flacher/steiler Huf oder zu lange Trachten, dann wird das Gewicht des Pferdes nicht mehr gleichmäßig verteilt und es kommt zu Fehlbelastungen.

Diese Fehlbelastungen bringen wiederum verschiedene Problematiken mit sich. Das Pferd tritt z. B. mit einem oder mehreren Beinen kürzer, es tritt dann nicht mehr richtig unter oder es kann Probleme in den Wendungen geben. Um dies zu kompensieren, nimmt das Pferd eine Schonhaltung ein und so kommt es in anderen Bereichen des Pferdekörpers zu Verspannungen, Verhärtungen und Bewegungseinschränkungen.

Eine falsche Hufstellung beeinträchtigt aber auch den Bewegungsablauf an sich.

Setzt das Pferd z. B. den Huf nicht plan auf, sondern mit der Außenkante, kommt es zu Fehlbelastungen und Fehlbewegungen in den Gelenken oberhalb des Hufs. Dies hat meist Gelenkentzündungen und eine falsche Abnutzung der Gelenkflächen zur Folge, was wiederum zu Arthrosen führen kann.

Gerade auch deshalb ist die regelmäßige Kontrolle und fachmännische Arbeit des Hufschmieds so wichtig.

Fitness geht durch den Magen

18. Die Fütterung

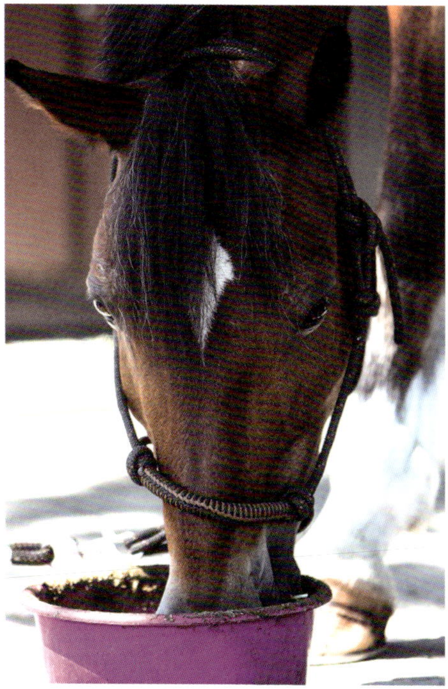

Typbedingt muss ich bei Star sehr auf sein Futter achten.

Noch ein paar Gedanken zur Fütterung. In meinem Alltag als Pferdetherapeutin sehe ich viele Pferde, die mindestens eine der folgende Problematiken haben:

> **SIE SIND EINFACH ZU FETT!** Dies ist leider so! Auch wenn man oft von den Besitzern dann hört: „Ach, der Süße isst doch so gerne", oder "der bekommt gar nicht viel." Dieses Symptom darf man sich nicht schönreden, es ist tatsächlich gesundheitsgefährdend und schränkt die Lebensdauer und -qualität deines Pferdes ein.

> Pferde, die eine verharzte und verklebte Muskulatur haben, da der gesamte Stoffwechsel durch Zucker und Konservierungsstoffe überlastet ist.

> Pferde, in die unheimlich viel hineingestopft wird, die aber trotzdem nicht zunehmen.

Fakt ist, dass unsere normalen Pferde nicht viel brauchen außer ausreichend Raufutter in sehr guter Qualität. Bei Reit- und Sportpferden ist eine gut durchdachte Mineralisierung von Vorteil. Was sie aber auf gar keinen Fall brauchen, sind „Müslis" oder Ähnliches mit Zucker und Melasse sowie Süßungs- und Konservierungsstoffe. Meines Erachtens ist dies noch in viel zu vielen Futterprodukten enthalten.

Es gibt aber mittlerweile Firmen, die sich darauf spezialisiert haben, Futter mit möglichst wenig Zusatzstoffen anzubieten. Eine gezielte Suche im Netz lohnt sich.

Bedenke: Auch wenn sich die Werbung noch so gut und vielversprechend anhört, lies dir immer durch, was an Inhaltsstoffen auf der Verpackung steht.

Ich lasse bei Star ein- bis zweimal im Jahr ein **Blutbild** machen, um einen eventuellen Mangel frühzeitig zu erkennen. Dem kann ich dann gezielt entgegenwirken. Dies empfehle ich bei jedem Pferd, aber gerade auch bei Pferden, die schlecht zunehmen.

Leckerlis enthalten oft zu viel Zucker und Melasse. Es gibt aber auch hier schon bessere Produkte – also Augen auf beim Leckerli-Kauf.

Äpfel und Bananen enthalten Fruchtzucker und sollten bei Pferden, die z. B. wegen Reheerkrankungen auf Diät sind, vermieden werden.

Weniger ist oft mehr, dies gilt auch bei der Fütterung.

Hier sollte man lieber gezielt die benötigten Mineralien und Spurenelemente füttern, als auf gut Glück irgendetwas hineinzustopfen. Es ist ja auch alles teuer genug und nützt nichts, wenn es nicht ankommt.

Star bekommt ausreichend Raufutter in guter Qualität. Das ist für mich in der Pferdefütterung das A und O. Wenn dies nicht gegeben ist, kann man sich alles andere sparen. Für mich wäre das auch ein Grund, den Stall zu wechseln.

Zum Raufutter gibt es ein wertiges Mineralfutter, welches gezielt die Defizite des Pferdes ausgleicht. Je nach Leistungsstand und -anspruch kann auch ein entsprechendes Zusatzfutter Sinn machen.

18.1 Prävention

Eine gute Vorsorge und ein gutes Betreuungsmanagement schützen dein Pferd vor Verletzungen, Verspannungen und Bewegungseinschränkungen.

Dazu gehört ein regelmäßiger Check durch deinen Therapeuten und ein guter Übungsplan für zu Hause. Lasse dir gerne auch hier im Buch die Übungen zeigen bzw. markieren, die für euch besonders wichtig sind.

Eine ausgiebige und gut durchdachte Aufwärmphase vor dem Reiten oder der Bodenarbeit ist wichtig, um den Körper und besonders den Muskel-, Sehnen- und Bandapparat deines Pferdes (und auch deinen) auf die bevorstehende Beanspruchung vorzubereiten. Bevor du startest, sollte alles warm und gut durchblutet sein, um das Risiko für Verletzungen oder Verspannungen zu minimieren.

Tipp: Halte dein Pferd, besonders im Bereich des Rückens, warm und trocken.

Für Star plane ich immer ausreichend Zeit ein von der Vorbereitungsphase, übers Reiten bis hin zur Verabschiedung.

Und noch ein bisschen was für die Zukunft...

20. Was ich mir als Therapeutin wünsche

Als Therapeutin wünsche ich mir, dass sich noch mehr Reiter und Pferdebesitzer intensiver mit den komplexen Themen „Pferd“ und „Reiten“ auseinandersetzen, dass die Menschen erkennen, dass gerade beim Reiten ein Miteinander stattfindet, und dass sie anfangen, sich auch selbst fit zu halten und an ihren eigenen Baustellen arbeiten, nicht nur an denen ihres Pferdes.

Fange außerdem an, viel mehr zu hinterfragen und dich mit Dingen auseinanderzusetzen. Du kommst beim Reiten nicht weiter? Vielleicht mal bei einem anderen Trainer in dessen Unterricht reinschnuppern, an einem Lehrgang teilnehmen (auch außerhalb des Stalls) und auch über einen Wechsel des Trainers nachdenken, wenn bei euch keinerlei Fortschritt stattfindet.

Ein Problem in Form von Blockaden, Verspannungen oder Schonhaltungen kommt immer wieder bzw. lässt sich nicht lösen? Lasse auch mal einen anderen Therapeuten draufschauen. Hier geht es gar nicht darum, den aktuellen Therapeuten schlechtzumachen,

sondern einfach darum, sich noch eine andere Meinung einzuholen.

Jeder hat andere Ansätze, Arbeits- und Denkweisen – deswegen kann ein solcher Perspektivwechsel neue Erkenntnisse bringen. Jeder schaut anders aufs Pferd und bringt somit andere Ideen oder Fachgebiete mit. Auch ich sehe nicht „alles" und hole mir gegebenenfalls Hilfe bei Kollegen und Tierärzten. Es geht schließlich um meine Patienten und nicht um mein Ego.

Genauso ist es bei allen Fachgebieten rund ums Pferd, egal ob Sattler, Schmied oder Tierarzt: höre auf dein Bauchgefühl und sei offen für Neues, aber hinterfrage es auch!

Ich hoffe, das Buch und die Übungen haben dir und deinem Pferd gefallen. Mich würde es freuen, wenn ein paar Übungen einen festen Platz in eurer täglichen Routine bekommen. Du könntest z. B. einen eigenen **#ponywellnesswednesday**, also einen festen Termin in der Woche einplanen. Denn so richtig effektiv werden die Übungen erst, wenn sie regelmäßig gemacht werden.

Natürlich gibt es noch 1.000 Übungen mehr. Dieses Buch soll aber auch nur ein Einstieg sein. Die Übungen, die ich hier nenne, sollte jeder Pferdemensch selbst bei seinem Pferd im Stall ausführen können. Dein Pferd wird es dir danken.

Auch wenn die gesamte Situation noch ungewiss ist, hat sich die Lage soweit entspannt, dass ich meine Praxis wieder eröffnen kann. Ich freue mich schon, euch wiederzusehen, denn ich habe in der letzten Zeit meinen Job und meine zwei- und vierbeinigen Patienten sehr vermisst **#lovemyjob**.

Mir hat aber das Schreiben dieses Buches ein kleines Stückchen Sicherheit und Struktur gegeben. Denn mein Alltag war von heute auf morgen einfach nicht mehr da. Auch hat mir das Schreiben unglaublich viel Spaß gebracht und ich glaube, dieses Buch wird nicht das letzte sein. Das nächste Buch dann aber bitte ohne eine Pandemie ;)

Eure Sarah
@sarah_panje_pferdeosteopathie

Danksagung

Mein Dank geht als allererstes an das unglaublichste, geduldigste und wunderschönste Lieblingspony dieser Welt. Das Shooting für dieses Buch hat etwas mehr als drei Stunden gedauert, inklusive kleiner Pipipause für alle. Immer mit gespitzten Öhrchen und einer Engelsgeduld hat dieses Pony mal wieder alle Erwartungen übertroffen.
Star, du bist und bleibst der Allerbeste!!!

Wenn wir schon bei den Fotos sind: Vielen Dank an die weltbeste Fotografin! Meine liebe Julia Neumann, was sollte ich nur ohne dich machen? Deine tolle Art, dein gutes Auge und deine Kreativität sind unglaublich. Ich liebe jedes einzelne Bild in diesem Buch!

Tausend Dank auch an Laura, meine Assistentin für die Bilder und mein Betreuungsjoker. Wenn eine Tour oder ein Termin doch mal wieder länger dauert und ich es nicht zu Star in den Stall schaffe, springt Laura stets zuverlässig ein und kümmert sich. Danke, du bist wirklich Gold wert.

Ganz, ganz wichtig: meine beste Freundin Katinka. Genau genommen ist dieses Buch nämlich nicht nur mein Projekt, sondern UNSERES. Ohne dich wäre dieses Buch wahrscheinlich nicht entstanden. Dass dieses Buch so schön, strukturiert und vor allem lesbar ist, verdanke ich nur dir. Ein Hoch auf die allerbeste Freundin, die man sich wünschen kann!

Lieben Dank auch an den Mann an meiner Seite, der bei all meinen Ideen hinter mir steht.

Ich hoffe, ich habe hier niemanden vergessen, denn es gab von allen Seiten so viel Zuspruch und Unterstützung, fühlt euch alle gedrückt… natürlich mit Abstand ;)

Platz für deine Notizen

Platz für deine Notizen

IMPRESSUM

AUTOR // KONZEPTION
Sarah Panje
Parkallee 79 // 20144 Hamburg
www.sarahpanje.de
Mobil 0176.328 729 08
www.instagram.com/sarah_panje_pferdeosteopathie/

FOTOS
Julia Neumann
www.julianeumann-fotografie.de
www.instagram.com/julianeumann_photographie/

UMSCHLAGGESTALTUNG // LAYOUT
Katinka Knorr
www.dachmarketing.de

LEKTORAT
Frauke Manninga
www.foerdelektorat.de

ISBN
978-3-00-067833-2